高等职业教育计算机网络技术专业教材

# 计算机网络技术项目化教程
# （微课版）

主　编　王艳萍　安华萍

副主编　常贤发　徐文义　周永福　叶红卫

中国水利水电出版社
www.waterpub.com.cn
·北京·

## 内 容 提 要

本书基于网络应用的实际需求，全面系统地讲解了计算机网络技术的相关内容。本书以企业实际工作过程中所需的网络技术贯穿始终，分为认识公司网络、组建公司办公网络、划分公司部门子网、隔离公司部门网络、组建家庭无线局域网等 9 个项目，内容符合职业岗位需求。

本书可作为高等职业教育计算机网络技术专业、云计算技术与应用专业、大数据应用技术专业及其他计算机相关专业的计算机网络技术教材，也可作为计算机爱好者自学计算机网络技术的参考用书，还可作为计算机网络技术的培训教材。

本书配有电子课件，读者可以从中国水利水电出版社网站（www.waterpub.com.cn）或万水书苑网站（www.wsbookshow.com）免费下载。

图书在版编目（CIP）数据

计算机网络技术项目化教程：微课版 / 王艳萍，安华萍主编. -- 北京：中国水利水电出版社，2021.12
高等职业教育计算机网络技术专业教材
ISBN 978-7-5226-0215-8

Ⅰ．①计… Ⅱ．①王… ②安… Ⅲ．①计算机网络—高等职业教育—教材 Ⅳ．①TP393

中国版本图书馆CIP数据核字(2021)第219185号

策划编辑：石永峰　　责任编辑：周春元　　加工编辑：刘　瑜　　封面设计：李　佳

| | |
|---|---|
| 书　　名 | 高等职业教育计算机网络技术专业教材<br>计算机网络技术项目化教程（微课版）<br>JISUANJI WANGLUO JISHU XIANGMUHUA JIAOCHENG（WEIKE BAN） |
| 作　　者 | 主　编　王艳萍　安华萍<br>副主编　常贤发　徐文义　周永福　叶红卫 |
| 出版发行 | 中国水利水电出版社<br>（北京市海淀区玉渊潭南路 1 号 D 座　100038）<br>网址：www.waterpub.com.cn<br>E-mail: mchannel@263.net（万水）<br>　　　　sales@waterpub.com.cn<br>电话：(010) 68367658（营销中心）、82562819（万水） |
| 经　　售 | 全国各地新华书店和相关出版物销售网点 |
| 排　　版 | 北京万水电子信息有限公司 |
| 印　　刷 | 三河市鑫金马印装有限公司 |
| 规　　格 | 184mm×260mm　16 开本　12.5 印张　312 千字 |
| 版　　次 | 2021 年 12 月第 1 版　2021 年 12 月第 1 次印刷 |
| 印　　数 | 0001—3000 册 |
| 定　　价 | 38.00 元 |

# 前　言

当今世界，新一轮科技革命、产业变革加速兴起，颠覆性创新不断涌现。随着 IT 技术的不断发展，我国已进入了以数字化与智能化为代表的智能时代，这些技术的发展都离不开计算机网络。很多高校都将"计算机网络技术"课程列为大学生学习的专业基础课或者必修课，培养掌握计算机网络技术的专门技术人才。

本书针对高职教育的特点，在总结编者多年教学经验的基础上，与行业企业深度合作，选取企业实践项目展开教学，具有较强的实用性和先进性。

本书共包含 9 个教学项目和若干个教学任务，以"项目导向、任务驱动"为主线，以"学做合一"的理念为指导，完成知识讲解的同时，给出相应的实训指导。

本书主要特点如下。

（1）可读性强：全书内容丰富、通俗易懂，便于读者理解并提高学习兴趣。

（2）实践性强：采用"项目导向、任务驱动"的编写方式，突出实践应用。

（3）覆盖面广：面向专业广，受益学生多，符合"立德树人"的教育理念。

教材中每一个项目按照"任务描述"→"相关知识"→"任务实施"→"任务小结"→"拓展任务"→"课后习题"层次组织内容，注重由知识到能力的培养。

本书全面而系统地介绍了计算机网络技术的基本知识和应用，建议安排 52 学时学习本书，每个项目的具体学时安排如下表所示。

| 项目 | 教学内容 | 学时分配 |
| --- | --- | --- |
| 1 | 认识公司网络 | 4 |
| 2 | 组建公司办公网络 | 6 |
| 3 | 划分公司部门子网 | 8 |
| 4 | 隔离公司部门网络 | 8 |
| 5 | 组建家庭无线局域网 | 4 |
| 6 | 连接公司局域网 | 6 |
| 7 | 安装和配置公司服务器 | 4 |
| 8 | 配置公司网络服务 | 8 |
| 9 | 维护公司网络安全 | 4 |

本书由王艳萍、安华萍担任主编，常贤发、徐文义、周永福、叶红卫担任副主编。其中项目 1、项目 2 由王艳萍编写，项目 3 由王艳萍、常贤发编写，项目 4 由安华萍编写，项目 5 由安华萍、常贤发、徐文义编写，项目 6 由王艳萍、安华萍编写，项目 7 由王艳萍、叶红卫

编写，项目 8 由王艳萍、安华萍、周永福、叶红卫编写，项目 9 由徐文义、周永福编写。参加本书编写的还有张连姣、李锦智、殷美桂、黄浩等，全书由王艳萍、安华萍统稿。

由于作者学术水平有限，书中难免有疏漏和不妥之处，恳请广大读者或同行不吝提出宝贵的意见和建议，以便我们不断改进与完善。

编　者

2021 年 8 月

# 目　　录

# 项目 **1**
# 认识公司网络

此项目主要针对网络管理员在日常工作中岗位能力需求，重点培养网络管理员组建网络的基本能力，能实现局域网拓扑结构的设计目标。在培养能力的同时，还需要掌握计算机网络的概念、分类等，理解 OSI 参考模型和 TCP/IP 网络模型。

## 任务1　认识网络的基本结构

### 【任务描述】

在此任务中，我们以学生接触的校园网为例来认识网络的基本结构。

### 【相关知识】

#### 一、计算机网络的形成与发展

计算机网络的发展主要历经以下 4 个阶段：面向终端的计算机网络——以数据通信为主；面向通信的计算机网络——以资源共享为主；面向应用的计算机网络——体系标准化；面向未来的计算机网络——以 Internet 为核心的高速计算机网络。

1. 面向终端的计算机网络

20 世纪 50 年代中期到 60 年代中期，由一台中央主机通过通信线路连接大量的地理上分散的终端，构成面向终端的计算机网络，如图 1-1 所示。终端分时访问中心计算机的资源，中心计算机将处理结果返回终端。

2. 面向通信的计算机网络

1969 年由美国国防部研究组建的 ARPAnet 是世界上第一个真正意义上的计算机网络，ARPAnet 当时只连接了 4 台主机，每台主机都具有自主处理能力，彼此之间不存在主从关系，相互共享资源，如图 1-2 所示。在这个阶段诞生了分组交换技术，ARPAnet 就是利用分组交换技术来实现数据通信的。

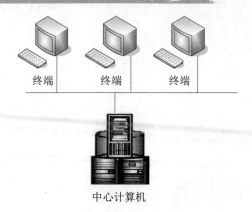

图 1-1　面向终端的计算机网络

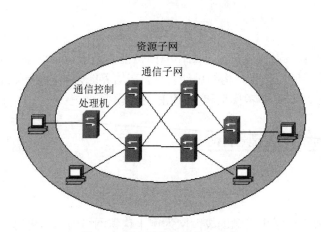

图 1-2　面向通信的计算机网络

**3．面向应用的计算机网络**

为了实现不同网络之间的信息传递，1983 年，国际标准化组织（ISO）发布了著名的开放系统互联参考模型（OSI/RM），提出了 7 层结构的网络体系结构模型。1984 年斯坦福大学团队研究出了 TCP/IP 协议栈，美国国防部将 TCP/IP 作为所有计算机网络的标准，一直沿用至今。

**4．面向未来的计算机网络**

20 世纪 80 年代末至今，计算机技术和通信技术迅速发展并进一步融合，光纤作为传输介质被大量使用。另外蒂姆·伯纳斯·李（Tim Berners Lee）在 1989 年成功开发出世界上第一台 Web 服务器和第一台 Web 客户机，他把它命名为 World Wide Web，简称 Web 或者 WWW，它是自由的、开放的，任何人任何单位都可以使用，浏览器的诞生加速了互联网的发展。同时，虚拟网络、ATM 技术以及云计算的应用，无线 4G、5G 的普及和应用，使网络技术蓬勃发展并迅速走向市场，走进平民百姓的生活。

## 二、中国的计算机网络发展

中国的计算机网络发展史是从第 4 代开始的。

（1）1987 年 9 月 20 日，从北京向德国卡尔斯鲁厄理工学院发送的第一封电子邮件，标志着中国人使用 Internet 的起点。

（2）1994 年 4 月 20 日，中国实现了与 Internet 的全功能的连接。

（3）1996 年发布了中国人写的第一个 RFC 文档 RFC1922。（RFC 文档在一定程度上代表了中国人参与网络、推动网络发展的标志。）

（4）1997 年，中国四大主干网互联互通，创立中国互联网信息中心（CNNIC）。

（5）2006 年，建成世界上最大的纯 IPv6 网络 CNGI。

（6）2012 年，出现了"互联网+"的概念，"互联网+"就是"互联网+各个传统行业"。

## 三、计算机网络的定义

计算机网络的发展、
概念以及分类

计算机网络是利用通信设备和线路将地理位置不同的、功能独立的多个计算机系统互相连接起来，以功能完善的网络软件（即网络通信协议、信息交换方式和网络操作系统等）实现网络中的资源共享和信息传递的系统。

计算机网络的概念中存在以下 4 个要点。

（1）相互连接的计算机之间不存在互为依赖的关系，计算机之间是独立自主的。

（2）通信线路包括通信媒体、通信设备，通信媒体可以是光纤、铜线等有线传输介质，也可以是无线电波、红外线等无线传输介质。

（3）网络软件（操作系统功能、网络通信协议、网络资源管理、网络服务）。

（4）网络的目的是实现资源共享，资源包括硬件与软件，如程序、数据库、存储设备、打印机等。

计算机网络有大有小，小的可由两台计算机组成，大的可覆盖全球。

## 四、计算机网络的功能

计算机网络的主要功能是向用户提供资源的共享和数据的传输，主要体现在以下 4 个方面。

（1）数据通信。数据通信是计算机网络最基本的功能，主要用于网络用户之间、处理器之间，以及用户与处理器之间的数据通信，可以是文本、声音、视频等数据。

（2）资源共享。"资源"是指网络中所有的硬件、软件和数据资源。其中硬件资源可以是打印机、传真机等，软件资源包括应用软件、系统软件等。

（3）负载均衡和分布式处理。对于一些大型任务，可把它分解成多个小型任务，由网络上的多台计算机协同工作、分布式处理，网络计算属于分布式处理应用。

（4）信息的集中和综合处理。以网络为基础将分布在不同地理位置的各种信息通过计算机采集，存储于数据库并进行整理、分析和综合处理，如网络购票系统。

由于计算机网络功能的多样化，网络才得以快速发展，并在经济、军事、生产管理和科学技术等方面发挥重要的作用。

## 五、计算机网络的分类

计算机网络根据不同的标准有不同的分类方法，下面简单介绍几种分类方法。

1. 按地域范围分类

根据计算机网络覆盖地理范围的大小，网络可分为局域网（Local Area Network，LAN）、广域网（Wide Area Network，WAN）和城域网（Metropolitan Area Network，MAN）。

（1）局域网。局域网是一种在小范围内实现的计算机网络，一般在一个建筑物内，或一个工厂、一个事业单位内部，为单位独有。局域网距离可在十几千米以内，结构简单，布线容易，具有很高的传输速率，延迟低，出错率低。

（2）城域网。城域网又称城市网，它介于 LAN 和 WAN 之间，覆盖范围通常是一个城市或地区的网络，是在一个城市内部组建的计算机信息网络，提供全市的信息服务。城域网可包括若干个彼此互联的局域网，采用不同的系统硬件、软件和通信传输介质构成，从而使不同类型的局域网能有效地共享信息资源。

（3）广域网。广域网又称远程网，是把众多的城域网、局域网连接起来，实现计算机远距离连接的计算机网络。它涉及的范围比较大，可以分布在一个省内、一个国家或几个国家，结构比较复杂，实现大范围内的资源共享。

**2. 按通信传播方式分类**

（1）点对点网络。这种网络由机器间多条链路构成，每条链路连接一对计算机，两台没有直接相连的计算机要通信必须通过其他节点的计算机转发数据。这种网络上的转发报文分组在信源和信宿之间需通过一台或多台中间设备进行传播。

（2）广播网络。这种网络仅有一条通道，由网络上所有计算机共享。一般来说，局域网使用广播方式，广域网使用点对点方式。

**3. 按拓扑结构分类**

网络拓扑结构是计算机网络的几何图形表示，反映网络中各实体间的结构关系。拓扑结构是建设计算机网络的第一步，也是实现各种网络协议的基础，它对网络性能、系统可靠性与通信费用都有重大影响。

（1）总线型。总线型拓扑结构是将网络中的所有设备通过相应的硬件接口直接连接到公共总线上，节点之间按广播方式通信，一个节点发出的信息，总线上的其他节点均可"收听"到，如图 1-3 所示。

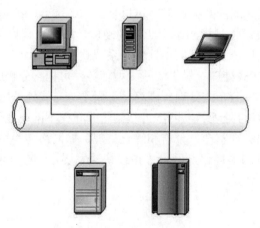

图 1-3　总线型拓扑结构

（2）星型。星型拓扑结构中，每个节点都由一条单独的通信线路与中心节点连接，如图 1-4 所示。

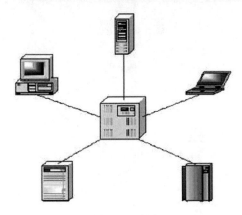

图 1-4　星型

（3）环型。环型拓扑结构中各节点通过通信线路组成闭合回路，环中数据只能单向传输，如图 1-5 所示。

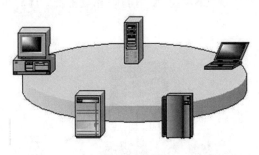

图 1-5　环型

（4）树型。树型拓扑结构有多个中心节点，各个中心节点均能处理业务，但最上面的主节点有统管整个网络的能力。该结构可以看作是星型结构的扩展，如图 1-6 所示。

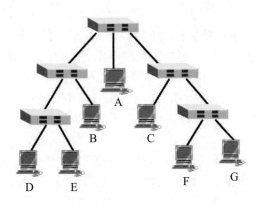

图 1-6　树型

（5）网状型。网状型拓扑结构主要指各节点通过传输线路互相连接起来，并且每一个节点至少与其他两个节点相连，是广域网中的基本拓扑结构，不常用于局域网，如图 1-7 所示。

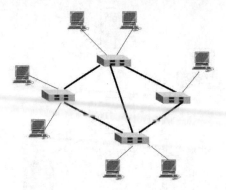

图 1-7　网状型

## 六、计算机网络的硬件组成

组成计算机网络除了必须采用合适的体系结构，还需要各种硬件设备的支持。计算机网络系统性能的高低很大程度体现在网络所使用的硬件设备上。计算机网络的硬件组成如图 1-8 所示。

网络拓扑结构及
网络中的硬件组成

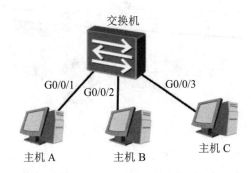

图 1-8　计算机网络的硬件组成

1. 通信设备

（1）网络适配器。网络适配器或网络接口卡（NIC）有两种：一种是插在计算机主板插槽中；另一种是集成在主板上。把计算机连接到电缆上传输从计算机到电缆媒介或从电缆媒介到计算机的数据。例如以太网（Ethernet）的网络适配器接收来自计算机的称之为包的大量数据并把那些数据包转换成可应用到铜线上的电子脉冲序列（如果介质是光纤那么就转换成脉冲序列）。接收方的网络适配器诊断到这些电子电压（或光脉冲）并转换成数据包传送给接收方计算机。

（2）网络互联设备。为了解决信号远距离传输所产生的衰减和变形问题，需要一种能在信号传输过程中对信号进行放大和整形的设备，以拓展信号的传输距离，增加网络的覆盖范围。将这种具备物理上拓展网络覆盖功能的设备，称为网络互联设备。主要包括集线器、中继器、网桥、网关、路由器等。

（3）传输介质。传输介质的选择也是重要的一环。它决定网络的传输率、局域网的最大长度、传输的可靠性，以及网络适配器的复杂性。目前使用较多的传输介质有双绞线、同轴电缆及光纤等。

## 2. 用户端设备

（1）服务器。服务器是提供网络上服务的机器，网络上的计算机依靠服务器存储数据并验证登录请求。服务器有别于其他计算机的是服务器比网络上的其他计算机更强大。

（2）客户机。客户机是依靠服务器登录验证及文件存储的计算机。虽然客户机通常具有一些自己的存储空间（硬盘空间）来容纳程序文件，但是用户的文件通常存储于文件服务器上而不是存储在客户机上。与大多数服务器不同，客户机执行用户程序并直接与用户进行交互。

## 【任务实施】

校园网是为学校师生提供教学、科研和综合信息服务的多媒体网络，它是一个具有交互功能和专业性很强的局域网络。

本任务选取的校园网拓扑结构的设计主要采用典型的三层结构，如图1-9 所示。

校园网络拓扑绘制

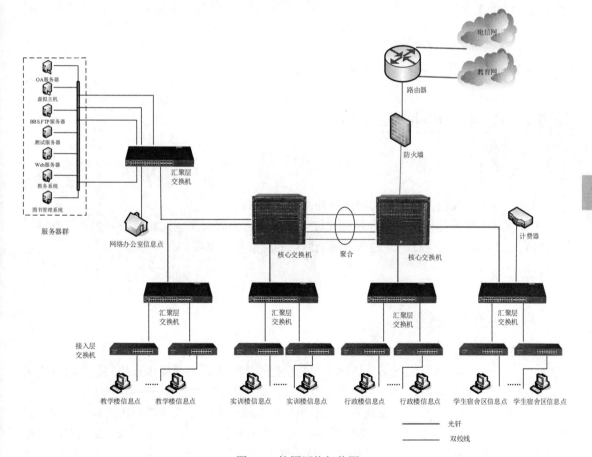

图 1-9　校园网络拓扑图

## 1. 校园网拓扑结构设计

校园网主要接入电信网和教育网，实现千兆主干、百兆桌面，校园网出口接入 5G 光纤。

学校机房配备了很多服务器、核心交换机和路由器，采用防火墙来保护校园网用户安全，通过计费管理软件对学生用户进行管理，对学校建成的网站提供 DNS、E-mail、WWW 和 FTP 等 Internet 服务。

2．校园网的计算机设备

校园网中的计算机设备主要有计算机、服务器。

3．网络中的互联设备

网络中的互联设备主要有交换机、路由器、防火墙。

4．校园网常见的传输介质

校园网中用到的传输介质有双绞线、光纤。

5．校园网的教学功能

校园网模式：硬件+软件+现代教育。建设校园网的真正目的在于为学校师生提供教学、科研和综合信息服务的高速多媒体网络，一般含有信息发布、教学应用、管理应用、科研应用、数字化图书馆等功能，满足学校网络教学的需求。

## 【任务小结】

（1）认识图 1-9 中的设备。

（2）能对图 1-9 中设备进行分类。

# 任务2　绘制公司网络拓扑图

## 【任务描述】

在此任务中，我们以绘制公司网络拓扑图为例展开教学。

由于网络中涉及的硬件、软件种类比较多，生产它们的商家也比较复杂，如果没有标准很难将它们组织到一起进行网络通信，因此网络的标准化很重要。

## 【相关知识】

## 一、网络协议与网络体系结构

计算机网络体系结构

1．协议的基本概念

计算机网络是通过不同介质把不同厂家、不同操作系统的计算机及相关设备互联，共享软硬件资源，进行数据通信。如何实现不同介质上的不同软硬件之间的资源共享和数据通信？这就要求网络系统遵守相同协议，即按照网络协议（如何通信、通信什么、何时通信）进行数据通信。协议（Protocol）是为在网络中进行数据交换而建立的规则、约定和标准，是计算机网络中实体之间有关通信规则的集合，也称为网络协议或通信协议。

网络协议的 3 个要素是语义、语法、同步。

（1）语义。语义解释控制信息每个部分的意义。它规定了需要发出何种控制信息，以及完成的动作、作出什么样的响应。规定通信双方彼此要"讲什么"，即确定协议元素的类型。

（2）语法。语法是用户数据与控制信息的结构与格式，以及数据出现的顺序。它规定通信双方"如何讲"，即确定协议元素的格式。

（3）同步。同步即事件实现顺序的详细说明。语法同步规定事件执行的顺序，即确定通信过程中状态的变化，如规定正确的应答关系。

2．网络体系结构

网络体系结构采用分层次体系结构。为了解决由不同媒介连接起来的不同设备和网络系统在不同的应用环境下实现互操作的问题，通常采用分层的方法，将网络互连的庞大而复杂的问题，划分为若干个较小而容易解决的问题，计算机网络的各层和层间协议的集合称为"网络体系结构"。

3．体系结构中分层的原则

（1）网络中各节点都具相同的层次。

（2）不同节点的相同层具有相同的功能。

（3）同一节点内各相邻层之间通过接口通信。

（4）每一层可以使用下层提供的服务，并向其上层提供服务。

（5）不同节点的同等层通过协议来实现对等层之间的通信。

在图 1-10 中，以两个公司进行信息交流为例，说明通信实体具体的通信过程。

（1）甲乙公司都可以看作是网络节点。

（2）经理、高级助理和秘书是一个个的通信实体。

（3）处于不同节点的相同层次的实体叫做对等实体。

（4）协议实际上是对等实体之间的通信规则的约定，比如两个公司的秘书之间就有收发传真和普通信函的协议，高级助理之间都遵照标准公函的协议，经理之间当然也有协议。

（5）各层向上层提供服务。

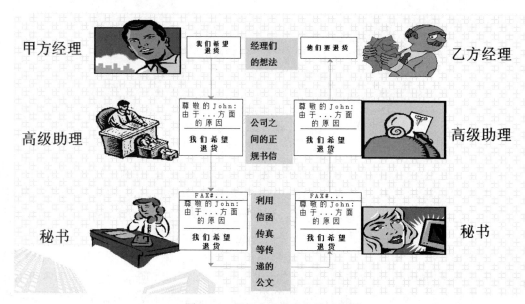

图 1-10　甲乙公司信息交流示例图

## 二、OSI 参考模型

国际标准化组织在 1978 年提出了开放系统互连参考模型，该模型是设计和描述网络通信的基本框架。从技术上看，主要目的是促进网络的标准化，使得各生产厂商根据 OSI 模型的标准设计自己的网络产品，且能够更方便、简单地互连。OSI 参考模型描述了网络硬件和软件如何以层的方式协同工作进行网络通信。OSI 参考模型如图 1-11 所示，其共有 7 层结构，各层的主要功能如下：

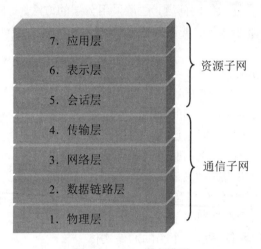

图 1-11　OSI 参考模型

（1）物理层。物理层是 OSI 参考模型的第 1 层，位于 OSI 参考模型的最底层，实现二进制比特流的传输，负责将 0、1 的比特流与电压（高电平、低电平）或光等传输方式进行互换，实现按位（bit）传输，如图 1-12 所示。

图 1-12　物理层功能

由于物理层属于有实际连接的一层，所以物理层有 4 大特性，分别为机械特性、电气特性、功能特性、过程特性。机械特性指明接口的形状和尺寸，引线数目和排列等；电气特性指明在接口电缆的各条线上出现的电压的范围；功能特性指明某条线上出现的某一电平的电压表示何种意义；过程特性指明对于不同功能的各种可能事件的出现顺序。

（2）数据链路层。物理层的上层是数据链路层，它是以"帧"为传输单位，主要通过差错控制和流量控制为网络层提供可靠无差错的数据链路。如图 1-13 所示，主机 A 和主机 B 的通信，在物理层上只关心通信链路的建立，而建立连接后能不能将数据无差错地传送到对方，物理层并不关心，这个需要数据链路层来实现，所以数据链路层负责的是节点传输。

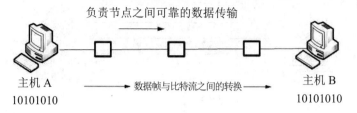

图 1-13　数据帧传输

（3）网络层。网络层以"分组"为传输单位，功能是提供路由，即选择到达目的主机的最佳路径，并沿该路径传送数据包（分组），另外还要解决流量控制和拥塞控制。如图 1-14 所示，主机 A 和主机 B 处在不同的网络中，通过很多个网络设备连接起来，如果主机 A 要和主机 B 通信，那么主机 A 要从复杂的网络中选择一条最佳路径进行数据传输，这就是网络层的功能。

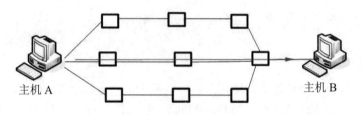

图 1-14　选取最佳路径

（4）传输层。传输层以"段"为传输单位，在两个节点之间通信链路已建立的基础上，提供可靠的端到端的数据传输。如图 1-14 所示，主机 A 与主机 B 之间通信，通过双方的 IP 地址找到对方，但是在同一台主机上可以同时开启很多个应用程序，主机 A 和主机 B 之间通过哪个应用程序进行通信呢？这就需要端口号来区分，一个端口对应一个应用程序，所以传输层的功能就是在网络层功能的基础上来实现的，主机 A 和主机 B 之间通信就是两个主机的应用程序的交流。

（5）会话层。会话层是 OSI 参考模型的第 5 层，管理和协调主机间应用程序的会话。如图 1-15 所示，其主要的工作就是建立主机 A 和主机 B 的会话，建立起来后维持，会话完成后终止应用程序。

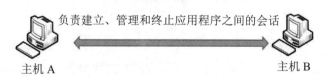

图 1-15　会话层通信

（6）表示层。表示层是 OSI 参考模型的第 6 层，表示层负责计算机信息的表示，主要提供数据压缩、解压缩服务，对数据进行加密、解密。如图 1-16 所示，主机 A 和主机 B 通信，它们传输的数据到达表示层时，表示层对其数据进行加密，保证数据的安全传输，当数据到达主机 B 时，主机 B 使用双方约定的密钥进行解密，才能得到完整的数据。

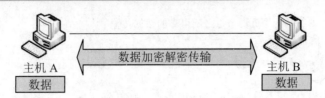

图 1-16　表示层通信

（7）应用层。应用层是 OSI 参考模型的第 7 层，是用户和计算机的接口层，直接向用户提供服务，完成用户在网络上的工作，用户发送和接收数据都需要应用层，如图 1-17 所示。

图 1-17　应用层通信

## 三、TCP/IP 网络模型

OSI 参考模型得到了全世界的认可，但是互联网上的开发标准是 TCP/IP 模型。TCP/IP 模型及其协议族使得世界上任意两台计算机间的通信成为可能。TCP/IP 模型共分为 4 个层次，如图 1-18 所示。

图 1-18　TCP/IP 网络模型

TCP/IP 模型的 4 个特点如下。

- 开发的协议标准：免费使用，独立于特定的计算机硬件与操作系统。
- 独立于特定的网络硬件：可以运行在局域网、广域网中，更适用于互联网。
- 统一的网络地址分配：使得整个 TCP/IP 设备在网络中都具有唯一的地址。
- 标准化的高层协议：提供多种可靠的服务。

（1）网络接口层。网络接口层主要负责接收网际层下传的 IP 数据报并将其放入物理网络发送，将物理网络传来的数据帧，去掉本层的控制信息上传到网际层，并对数据进行差错检验，如图 1-19 所示。

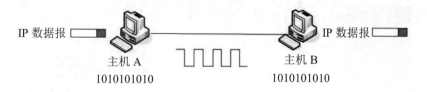

图 1-19　网络接口层功能

（2）网际层。网际层的主要功能是负责相邻节点之间的数据传送，如图 1-20 所示。其功能主要包括 3 个方面。

1）处理来自传输层的分组发送请求，将分组装入 IP 数据报，填充报头，选择去往目的结点的路径，然后将数据报发往适当的网络接口。

2）处理输入数据报，首先检查数据报的合法性，然后进行路由选择，假如该数据报已到达目的节点（本机），则去掉报头，将 IP 报文的数据部分交给相应的传输层协议；假如该数据报尚未到达目的节点，则转发该数据报。

3）处理 ICMP（Internet Control Messages Protocol）报文，即处理网络的路由选择、流量控制和拥塞控制等问题。为了解决拥塞控制问题，ICMP 采取了报文"源站抑制"技术，向源主机或路由器发送 IP 数据报，请求源主机降低发送 IP 数据报文的速度，以达到控制数据流量的目的。

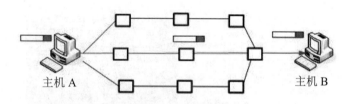

图 1-20　网际层功能

（3）传输层。传输层的主要功能是在源节点和目的节点的两个进程实体之间提供可靠的端到端的数据传输。TCP/IP 模型提供了两个传输层协议：传输控制协议（TCP）和用户数据报协议（UDP），如图 1-21 所示。

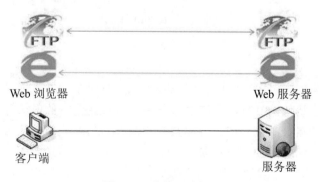

图 1-21　传输层功能

（4）应用层。应用层包括所有的高层协议，常见的应用协议有文件传输协议（FTP）、超文本传输协议（HTTP）、简单邮件传输协议（SMTP）；常见的应用支撑协议包括域名服务（DNS）

和简单网络管理协议（SNMP）等，如图 1-22 所示。

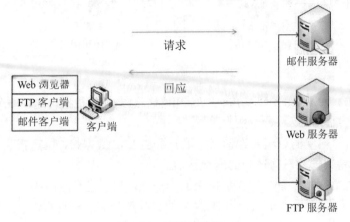

图 1-22  应用层功能

TCP/IP 的核心思想是将使用不同低层协议的异构网络，在传输层、网际层建立一个统一的虚拟逻辑网络，以此来屏蔽、隔离所有物理网络的硬件差异，从而实现网络的互联。TCP/IP 模型将网络体系结构分成 4 个层次，分别是网络接口层（又称链路层）、网际层（网络层或 IP 层）、传输层（TCP 层）和应用层，如图 1-23 所示。

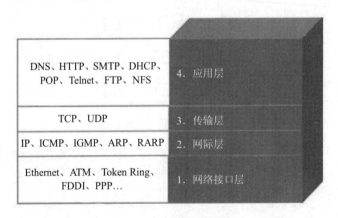

图 1-23  TCP/IP 协议族

## 四、数据通信过程

数据通信过程

数据到底是怎么进行通信的呢？我们通过 TCP/IP 模型来演示数据通信过程。

在访问网站时，会产生一个 HTTP 应用数据的请求传递给服务器。首先网页浏览器会产生 DATA 应用数据，接着 DATA 应用数据从应用层传到传输层，通过传输层 TCP 封装，加上 TCP 的头部，头部包括源端口号和目的端口号；数据被送到网络层，再次加上封装，加上 IP 头部，包括源 IP、目的 IP、协议号；接着数据从网络层传到网络接口层，在网络接口层加上以太网帧头部，头部字段主要包括源 MAC、目的 MAC、类型字段；最后这个数据帧被送往物理层上转为二进制的比特流进行传输。数据在被送往链路前会进行完整的数据封装过程。

服务器通过传输链路接收到数据帧后，开始一步步解封装，首先读取以太网帧头部的目的 MAC 地址，判断是不是自己的目的 MAC，如果是就剥离以太网帧头部，送往标识类型字段的网络层进行处理；网络层协议查看 IP 报头里的目的 IP 地址，如果是自己的 IP，就剥离 IP 头，送往协议号标识的传输层；接着传输层协议查看 TCP 头部的目的端口号，发现是指向网页浏览的应用程序，剥离 TCP 头部后交给网页浏览应用程序来处理，这样服务器就收到了计算机的数据请求，服务器会将数据回送给计算机，那么计算机就可以浏览网页了。服务器收到数据的过程就是一个解封装的过程。

整个数据通信的过程就好比邮寄包裹的过程。你在广州，给北京的好友小明邮寄包裹，把邮寄的包裹打包好，填写小明的住址、姓名和电话；交给快递员，通过快递线路运到小明的手里，小明打开包裹就可以看到邮寄的东西了，小明的住址就相当于 IP 地址。

## 【任务实施】

本任务以一个中小型公司为背景，公司主要包括技术部、销售部、财务部等部门，所设计的大致的拓扑图如图 1-24 所示。

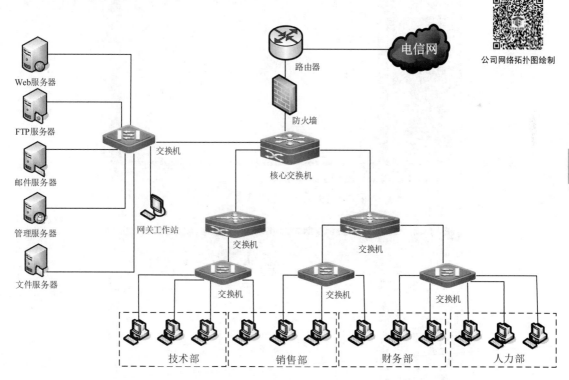

图 1-24　中小型公司拓扑图

（1）使用 Visio 绘制网络拓扑图，在 Office 软件菜单下打开 Visio 软件，选择"网络"，单击"详细网络图"，如图 1-25 所示。

（2）在"详细网络图"下，进入绘图模式，如图 1-26 所示，左边是可以选择的网络拓扑图库，把需要选择的图标拖到右边的网格中，如图 1-27 所示。

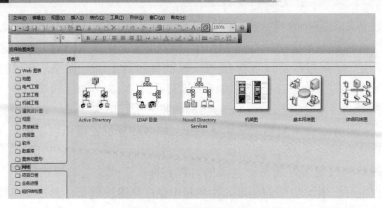

图 1-25  网络绘图类型

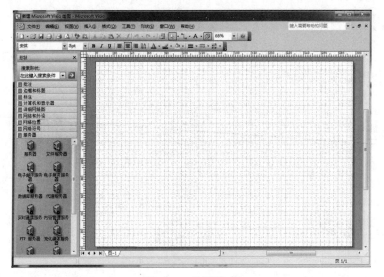

图 1-26  绘图模式

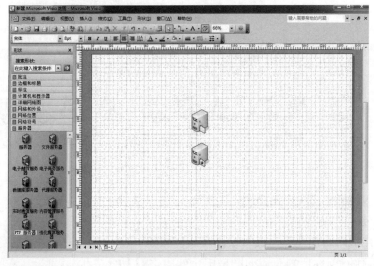

图 1-27  将选择的图标拖到右边的网格中

（3）如果在左边下拉菜单没有找到需要的图标，可以通过"文件"菜单找到"形状"中的"网络"子菜单，单击需要调出的模块选择相应的设备，如图 1-28 所示。所有可供选择的图标都是标准化构建，没有任何品牌公司的标注，需要的话，可以在网络上选取相应的网络设备图片粘贴到相应的位置上。

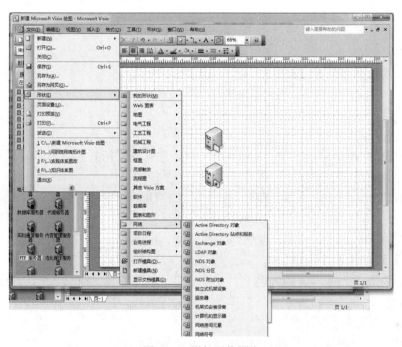

图 1-28　增加网络图库

（4）通过绘图工具选择需要的连接线，如图 1-29 所示。连接线的选择基本上和 Word 中的用法一致。

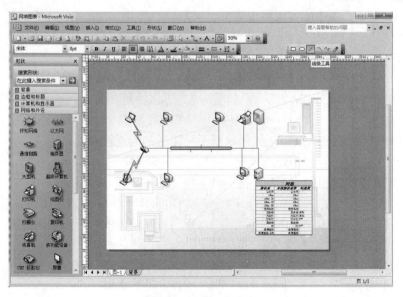

图 1-29　选择连接线

**【任务小结】**

（1）图 1-24 中设备标注清楚。

（2）设备连线时，不要遮挡，尽量选取直线连接。

# 拓展任务

绘制某公司的网络拓扑结构图。

# 课后习题

1．在 TCP/IP 模型中，应用层是最高的一层，它包括了所有的高层协议，下列协议中不属于应用层协议的是（　　　）。

    A．HTTP           B．FTP           C．UDP           D．SMTP

2．一般办公室网络的类型是（　　　）。

    A．局域网           B．城域网           C．广域网           D．互联网

3．网络协议的主要要素有（　　　）。

    A．数据格式、编码、信号电平        B．数据格式、控制信息、速度匹配

    C．语法、语义、同步               D．编码、控制信息、同步

4．推出 OSI 参考模型是为了（　　　）。

    A．建立一个设计任何网络结构都必须遵从的绝对标准

    B．克服多厂商网络固有的通信问题

    C．证明没有分层的网络结构是不可行的

    D．以上叙述都不是

5．在 OSI 参考模型中能实现路由选择、拥塞控制与互连功能的层是（　　　）。

    A．传输层           B．应用层           C．网络层           D．物理层

6．在 TCP/IP 体系结构中，与 OSI 参考模型的网络层对应的是（　　　）。

    A．网络接口层      B．网际层           C．传输层           D．应用层

7．在 TCP/IP 协议簇的层次中，保证端－端的可靠性是在（　　　）上完成的。

    A．网络接口层      B．网际层           C．传输层           D．应用层

8．在 TCP/IP 协议簇中，（　　　）协议属于网络层的无连接协议。

    A．IP             B．SMTP         C．SNMP        D．TCP

9．在 TCP/IP 协议簇中，（　　　）属于自上到下的第 2 层。

    A．ICMP         B．SNMP        C．UDP         D．IP

10．如果某局域网的拓扑结构是（　　　），则局域网中的中心节点出现故障会影响整个网络的工作。

    A．星型结构                    B．网状结构

    C．树型结构                    D．环型结构

# 项目 **2**
## 组建公司办公网络

此项目主要针对网络管理员在日常工作中能力需求，重点培养网络管理员组建办公室局域网的基本能力。在培养能力的同时，还需要掌握网络中传输介质分类，制作双绞线；了解网络互联设备，组建交换网络、交换机级联。

## 任务 1　制作双绞线

### 【任务描述】

某一个小型公司办公室有 2 台计算机。由于办公需要，公司购买了一台打印机。为了方便资源共享和文件的传递及打印，先要求组建一个经济实用的小型办公室对等网络，于是请网络管理员着手组建该网络，首先需要制作双绞线把计算机连接起来。

### 【相关知识】

#### 一、计算机网络的组成

计算机网络的硬件系统通常由服务器、工作站、传输介质、网卡、路由器、集线器、中继器、调制解调器等组成。

1. 服务器

服务器是网络运行、管理和提供服务的中枢，它影响网络的整体性能，一般在大型网络中采用大型机、中型机或小型机作为网络服务器；对于网点不多、网络通信量不大、数据安全要求不高的网络，可以选用高档微机作为网络服务器。

服务器按提供的服务被冠以不同的名称，如数据库服务器、邮件服务器、打印服务器、文件服务器等。

2. 工作站

工作站也称客户机，由服务器进行管理和提供服务的，连入网络的任何计算机都属于工作站，其性能一般低于服务器。个人计算机接入 Internet 后，在获取 Internet 服务的同时，其本身就成为 Internet 上的一个工作站。

服务器或工作站中一般都安装了网络操作系统，网络操作系统除具有通用操作系统的功能外，还应具有网络支持功能，能管理整个网络的资源。常见的网络操作系统主要有 Windows、UNIX、Linux 等。

## 二、传输介质

传输介质

网络中的传输介质分为有线传输介质和无线传输介质。

有线传输介质主要包括光纤、同轴电缆、双绞线；无线传输介质主要包括无线电波、红外线、激光和卫星信道等。

（1）光纤。光纤由许多细如发丝的玻璃纤维外加绝缘护套组成，光束在玻璃纤维内传输，具有防电磁干扰、传输稳定可靠、传输带宽高等特点，适用于高速网络和骨干网。

光纤是光导纤维的简称，由极细的玻璃纤维构成，把光封闭在其中并沿轴向进行传播，传输利用光的全反射原理实现，如图 2-1 所示，把光纤切开看，由内及外看，它是由极细的玻璃纤芯、玻璃包层和塑料保护套 3 部分构成的。

纤芯　　包层　　保护套

图 2-1　光纤

光纤是一种可以传输光信号的网络传输介质。与其他传输介质相比，光纤不容易受电磁或无线电频率干扰，所以传输速率较高，带宽较宽，传输距离也较远。同时，光纤也比较轻便，容量较大，本身化学性质稳定，不易腐蚀，能适应恶劣环境。

光纤分为单模光纤和多模光纤。单模光纤就是单一的光封闭在纤芯里沿轴向往前传递，光源通常采用激光，带宽和传输距离都比较长，如图 2-2 所示；多模光纤是以多个角度入射多根光线进行全反射往前传输，多个角度就称为多个模式，如图 2-3 所示。

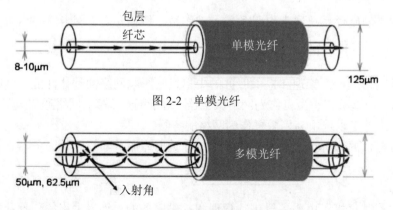

包层

纤芯

单模光纤

8-10μm

125μm

图 2-2　单模光纤

50μm, 62.5μm

多模光纤

入射角

图 2-3　多模光纤

（2）同轴电缆。同轴电缆根据直径分为粗缆和细缆，在实际中有广泛应用，比如，有线电视网中使用的就是粗缆。不论是粗缆还是细缆，由中心导体、绝缘层、屏蔽层、外部绝缘材料 4 层组成，如图 2-4 所示。

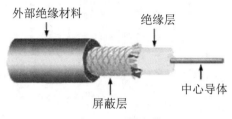

图 2-4　同轴电缆

同轴电缆从用途上还可分为基带同轴电缆和宽带同轴电缆（即网络同轴电缆和视频同轴电缆）。

基带同轴电缆：50Ω，用于数字传输（屏蔽层为铜）。

宽带同轴电缆：75Ω，用于模拟传输（屏蔽层为铝）。

（3）双绞线。双绞线是布线工程中最常用的一种传输介质，由不同颜色的 4 对 8 芯线（每根芯线加绝缘层）组成，每两根芯线逆时针绞合在一起，消除近端串扰，成为一个芯线对。双绞线可分为非屏蔽双绞线（UTP）和屏蔽双绞线（STP），如图 2-5 所示，平时接触的大多是非屏蔽双绞线，其最大传输距离为 100m。

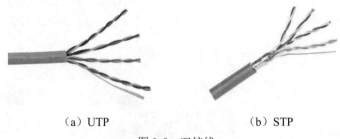

（a）UTP　　　　　　　　　　　　（b）STP

图 2-5　双绞线

使用双绞线组网时，双绞线和其他设备连接必须使用 RJ-45 接头（俗称水晶头）。RJ-45 水晶头中的线序有两种标准。

EIA/TIA 568A 标准：绿白-1、绿-2、橙白-3、蓝-4、蓝白-5、橙-6、棕白-7、棕-8。

EIA/TIA 568B 标准：橙白-1、橙-2、绿白-3、蓝-4、蓝白-5、绿-6、棕白-7、棕-8。

网线分为两种：直通线和交叉线。

（1）直通线：两端用一样的标准进行连接，如两端用 EIA/TIA 568B 线序，如图 2-6 所示，直通线用于不同种设备的连接，如交换机—计算机。

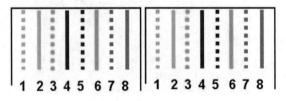

图 2-6　直通线两端

（2）交叉线：一端用 EIA/TIA 568A 标准，一端用 EIA/TIA 568B 标准进行连接，如图 2-7 所示。交叉线用于同种设备间的连接，如计算机—计算机，交换机—交换机。

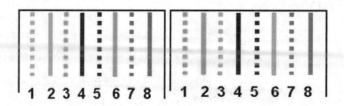

图 2-7　交叉线两端

## 【任务实施】

（1）实训设备。

1）超 5 类双绞线若干米。

2）RJ-45 水晶头若干个。

3）压线钳 1 把。

4）网线测试仪 1 台。

（2）实施步骤。

双绞线制作

双绞线的制作分为直通线和交叉线的制作两种，制作过程有 5 步，重点归纳为"剥""理""查""压""测"，首先以直通线制作过程为例。

**步骤 1**　准备好双绞线、RJ-45 水晶头、压线钳、网线测试仪，如图 2-8 所示。

双绞线　　　　　RJ-45 水晶头　　　　　　压线钳　　　　　　测线仪

图 2-8　准备工具

**步骤 2**　用压线钳将双绞线一端的外皮剥去 3cm，然后按 EIA/TIA 568B 标准顺序将线芯捋直并拢，如图 2-9 所示。

图 2-9　EIA/TIA 568B 标准排序

项目 2

**步骤3** 将芯线放到压线钳切刀处，8 根线芯要在同一平面上并拢，而且尽量捋直，保留线芯长度约 1.5cm，剪齐，如图 2-10 所示。

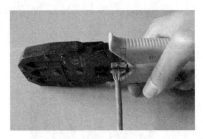

图 2-10　剪线

**步骤4** 将双绞线插入 RJ-45 水晶头中，插入过程均衡力度直到插到尽头。并且检查 8 根线芯是否已经全部充分、整齐地排列在水晶头里面，如图 2-11 所示。

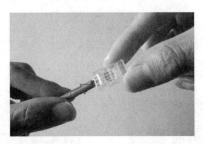

图 2-11　插入 RJ-45 水晶头

**步骤5** 用压线钳用力压紧水晶头，抽出即可，如图 2-12 所示，双绞线线芯完全与水晶头接触，并用水晶头卡住双绞线的外皮，如图 2-13 所示。至此一条出色的网线制作完成，如图 2-14 所示。

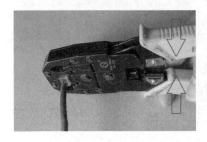 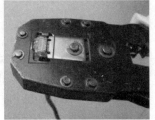 

图 2-12　压线细节图

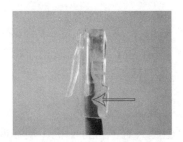

图 2-13　水晶头卡住双绞线的外皮

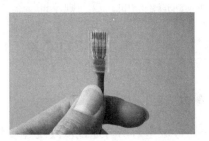

图 2-14　压好的水晶头

**步骤 6** 一端的网线就制作好了，用同样的方法制作另一端网线，最后把网线的两头分别插到双绞线测试仪上，打开测试仪开关，测试指示灯亮起来，如图 2-15 所示。如果正常网线，两排的指示灯 1～8 都是同步亮的，如果指示灯未同步亮，证明该线芯连接有问题，应重新制作。

图 2-15　双绞线测试

制作交叉线时，双绞线一端按照 EIA/TIA 568A 标准制作，如图 2-16 所示，另外一端按照 EIA/TIA 568B 制作，制作好的交叉线如图 2-17 所示。

图 2-16　EIA/TIA 568A 标准排序

图 2-17　压好的水晶头

【任务小结】

（1）制作双绞线时，一定要按照 EIA/TIA 568A/568B 线序排序。

（2）将 RJ-45 水晶头放入压线槽时，适当用力即可，用力过猛容易把 RJ-45 水晶头弄坏，用力过轻则压不好。

（3）用测线仪测量做好的网线时，测线仪上的数字对应的是网线的 8 条通道，数字亮起表示对应通道是通的，反之则不通。

# 任务 2　组建小型共享网络

【任务描述】

公司办公室有两台通过双绞线连接起来的计算机，但是只有一台打印机，现在要实现两台计算机共享打印机并能进行文件共享，需要进行相关设置。

## 【相关知识】

局域网技术

### 一、局域网概述

局域网是一个在局部范围内将各种计算机、外部设备和数据库等互相连接起来组成的计算机通信网。它是互联网的最小组成单位，覆盖距离一般在几十米到几千米，如一座建筑内、一个校园内，或者一个企业范围内。

局域网有以下特点。

（1）局域网覆盖的地理范围比较小，只在一个相对独立的局部范围内，如一座建筑内或集中的建筑群内。

（2）数据传输速率高，局域网的数据传输速率一般为 1Mb/s～100Mb/s，能支持计算机之间的高速通信。

（3）传输延时小，可靠性较高。

（4）出错率低，因近距离传输，所以误码率很低，一般在 $10^{-8}$～$10^{-11}$ 之间。

（5）局域网属单一组织拥有。

### 二、局域网组成

局域网由网络硬件和网络软件组成，网络硬件由计算机和通信系统组成；网络软件由网络系统软件和网络应用软件组成。

局域网的硬件组成部分主要如下。

（1）网络服务器：Web 服务器、邮件服务器、打印服务器等。

（2）网卡：网络适配器，又称为网络接口卡（NIC）。

（3）工作站：个人计算机（PC）、终端等。

（4）网络设备：路由器、交换机、集线器等。

（5）传输介质：双绞线、光纤等。

局域网的软件组成部分主要如下。

（1）网络系统软件：网络操作系统、工作站操作系统，主要有 Windows、Linux、UNIX 等。

（2）网络应用软件：应用软件（OA 系统）、网络管理软件（Wireshark、Siteview）。

### 三、局域网的参考模型

电气电子工程师协会（IEEE）下设的 IEEE 802 委员会在局域网的标准制定方面做了卓有成效的工作，该委员会根据局域网介质访问控制方法适用的传输介质、网络拓扑结构、性能及实现难易等因素，为局域网制定了一系列的标准，称为 IEEE 802 标准。它已被 ISO 采纳作为局域网的国际标准系列，称为 ISO 802 标准。

在将 OSI 参考模型应用于局域网时，将数据链路层划分为两个子层：逻辑链路控制（Logical Link Control，LLC）子层和介质访问控制（Medium Access Control，MAC）子层，如图 2-18 所示。

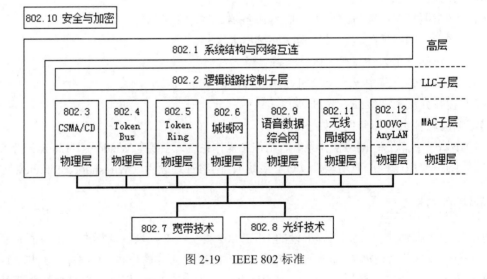

图 2-18　OSI 参考模型与局域网模型

**MAC 子层**：处理局域网中各站点对通信介质的争用问题，对于不同的传输介质、不同的网络拓扑结构可以采用不同的 MAC 方法。

**LLC 子层**：屏蔽各种 MAC 子层的具体实现，将其改造成为统一的 LLC 界面，从而向网络层提供统一的服务。

IEEE 802 委员会认为，由于局域网只是一个计算机通信网，而且不存在路由选择问题，因此它不需要网络层，有最低的两个层次（数据链路层和物理层）就可以；由于局域网的种类繁多，其介质访问控制方法也各不相同，因此有必要将局域网分解为更小而且容易管理的子层。另外由于用户需求各异，不可能使用一种单一的技术就能满足所有的需求，因此局域网技术中存在多种传输介质和多种网络拓扑，IEEE 802 委员会决定把几个建议都制定为标准，统称 IEEE 802 标准，如图 2-19 所示。

图 2-19　IEEE 802 标准

## 四、介质访问控制方法

局域网使用的是广播信道，即众多用户共享通信媒体，为了保证每个用户不发生冲突，能正常通信，重点解决信道争用问题。解决信道争用的协议称为介质访问控制协议，是数据链路层协议的一部分。

常见的介质访问控制方法有 CSMA/CD、令牌环和令牌总线；采用 CSMA/CD 是局域网的主流。

（1）CSMA/CD（载波侦听多路访问/冲突检测法）。

载波侦听：网络上各个工作站在发送数据前都要确认总线上有没有数据传输。

多路访问：网络上所有工作站收发数据共同使用同一条总线，且发送数据是广播式的。

冲突：有两个或两个以上工作站同时发送数据，在总线上就会产生信号的混合，这种情况称为数据冲突，又称为碰撞。

工作原理：先听后发，边听边发，冲突停止，随机延时后重发。CSMA/CD 适用于总线型和树型的网络拓扑结构，如图 2-20 所示。

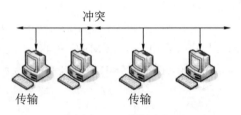

图 2-20　总线型

CSMA/CD 工作过程如下。

1）先侦听信道，如果信道空闲则发送信息。

2）如果信道忙，则继续侦听，直到信道空闲时立即发送。

3）发送信息后进行冲突检测，如发生冲突，立即停止发送，并向总线发出一串阻塞信号（连续几个字节全 1），通知总线上各站点冲突已发生，使各站点重新开始侦听与竞争。

4）已发出信息的站点收到阻塞信号后，等待一段随机时间，重新进入侦听发送阶段。

（2）令牌环访问控制方法。

令牌环适用于环型拓扑结构的 LAN，在令牌环网中有一个令牌（Token）沿着环形总线在入网节点计算机间依次传递，如图 2-21 所示。

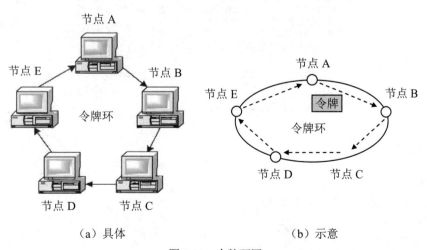

（a）具体　　　　　　　　　　　（b）示意

图 2-21　令牌环网

令牌是一个特殊格式的控制帧，本身并不包含信息，仅控制信道的使用，确保在同一时刻只有一个节点能够独占信道。当环上节点都空闲时，令牌绕环行进。计算机只有取得令牌后才能发送数据帧，因此不会发生碰撞。由于令牌在网环上是按顺序依次单向传递的，因此对所有入网计算机而言，访问权是公平的。

## 五、MAC 地址

为了标识以太网上的每台主机，需要给每台主机上的网络适配器（网卡）分配一个全球唯一的通信地址，即 Ethernet 地址或称为网卡的物理地址、MAC 地址。

Ethernet 地址长度为 48 比特，共 6 个字节，如 00-0D-88-47-58-2C，其中，前 3 个字节为 IEEE 分配给厂商的厂商代码（00-0D-88），后 3 个字节为厂商自己设置的网络适配器编号（47-58-2C）。

MAC 广播地址为 FF-FF-FF-FF-FF-FF。如果 MAC 地址（二进制）的第 8 位是 1，则表示该 MAC 地址是组播地址，如 01-00-5E-37-55-4D。可以通过查看本地连接的详细信息查看网卡的物理地址，如图 2-22 所示。

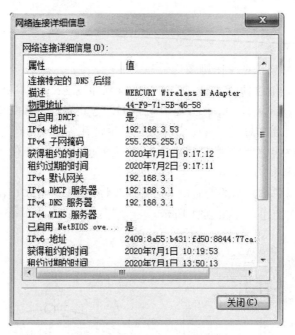

图 2-22　网络连接详细信息

## 【任务实施】

（1）实训设备。

计算机 2 台，交叉线 1 条，打印机 1 台。

（2）网络拓扑。

实训的网络拓扑如图 2-23 所示。

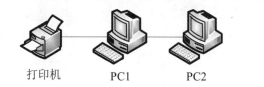

小型共享网络组建

图 2-23　实训拓扑图

（3）实施步骤。

**步骤 1**　硬件连接。

1）将交叉线的两端分别插入计算机网卡的 RJ-45 接口中，检查两个网卡指示灯是否正常亮起，判断网络是否正常连通。

2）将打印机连接到 PC1。

**步骤 2**　TCP/IP 配置。

1）配置 PC1、PC2 的 IP 地址和子网掩码如表 2-1 所示。

表 2-1　IP 地址和子网掩码

| 计算机名 | IP 地址 | 子网掩码 |
| --- | --- | --- |
| PC1 | 192.168.1.1 | 255.255.255.0 |
| PC2 | 192.168.1.2 | 255.255.255.0 |

2）利用 ping 命令测试 PC1、PC2 之间的连通性。在 PC2 上测试 PC1 和 PC2 之间是否连通，如图 2-24 所示。

图 2-24　测试连通性

**步骤 3**　设置计算机名和工作组名。

1）在 PC1 上，右击"计算机"图标，选择"属性"，在打开的"系统属性"对话框中，单击"更改"，如图 2-25 所示。打开"计算机名/域更改"对话框，更改计算机名称为 PC1，工作组名称为 BANGONGSHI，如图 2-26 所示。

项目 2

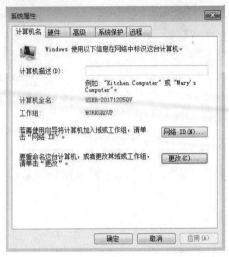

图 2-25  "系统属性"对话框

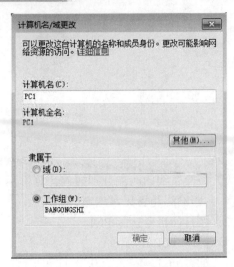

图 2-26  "计算机名/域更改"对话框

2）单击"确定"后，系统会提示重新启动计算机，选择立即重启计算机。重启后，修改后的计算机名和工作组名开始生效。

3）在计算机 PC1 上可以查看到工作组成员，如图 2-27 所示。

图 2-27  查看工作组成员

**步骤 4**  设置有共享权限的用户。

在 PC1 上右击"计算机"图标，选择"管理"，打开"计算机管理"窗口，在该窗口下展开"本地用户和组"，右击"用户"，在弹出的快捷菜单中选择"新用户"，如图 2-28 所示，打开"新用户"对话框，如图 2-29 所示，在"新用户"对话框中输入用户名、密码等，并勾选"用户不能更改密码"复选框，然后单击"创建"，新用户 shareuser 创建成功。

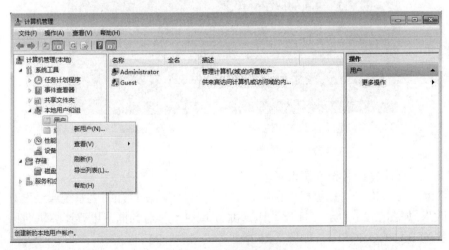

图 2-28  选择"新用户"

图 2-29　设置用户名和密码

**步骤 5**　设置文件夹共享。

1）在 PC1 的 D 盘新建文件夹 bangongshi，右击选择"共享"中的"特定用户"，打开"文件共享"窗口，如图 2-30 所示。

图 2-30　选择文件共享的用户

2）在"文件共享"窗口中，打开下拉列表，选择能够访问共享文件夹 bangongshi 的用户 shareuser，单击"共享"按钮，提示"您的文件夹已共享"，单击"完成"，完成文件夹共享，如图 2-31 所示。

3）访问共享文件夹。在 PC2 上，打开"网络"或者"资源管理器"，在地址栏中输入共享文件夹所在的计算机名或 IP 地址，如输入\\192.168.1.1 或\\PC1，然后输入访问的用户名和密码，如图 2-32 所示，即可访问共享文件夹，如图 2-33 所示。

图 2-31　提示完成文件夹共享

图 2-32　输入访问的用户名和密码

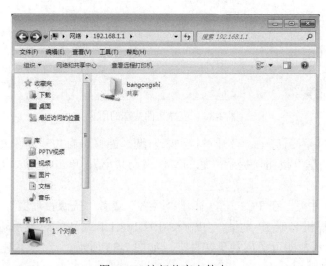

图 2-33　访问共享文件夹

　　在网络中用户可能经常需要访问某一个或几个特定的网络共享资源，若每次通过"网上邻居"依次打开比较麻烦，这时可以使用"映射网络驱动器"功能，将该网络共享资源映射为网络驱动器，再次访问时，只需双击该网络驱动器图标即可。

　　"映射网络驱动器"是实现磁盘共享的一种方法，具体来说就是利用局域网将自己的数据保存在另外一台计算机上或者把另外一台计算机里的文件虚拟到自己的机器上。把远端共享资源映射到本地后，在"计算机"中多了一个盘符，就像自己的计算机上多了一个磁盘，可以很方便地进行操作。例如在 PC2 上建立映射网络驱动器，在 PC2 上右击"计算机"，选择"映射网络驱动器"，出现"映射网络驱动器"对话框，如图 2-34 所示。选择需要使用的盘符，如默认的 Z:，在"文件夹"文本框中输入\\192.168.1.1\bangongshi，单击"完成"。

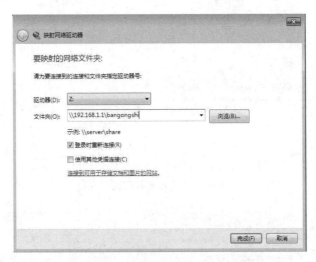

图 2-34　"映射网络驱动器"对话框

　　在 PC2 上单击"计算机"图标，打开"计算机"窗口，如图 2-35 所示，网络驱动器（Z:）已建立，以后需要访问该共享文件夹时，只要打开相应的网络驱动器（Z:）即可。

图 2-35　"计算机"窗口

**步骤6** 设置打印机共享。

1）在 PC1 上打开"开始"菜单，选择"设备和打印机"选项，打开"设备和打印机"窗口，如图 2-36 所示。单击"添加打印机"，打开"添加打印机"对话框，如图 2-37 所示，选择"添加本地打印机"。

图 2-36　"设备和打印机"窗口

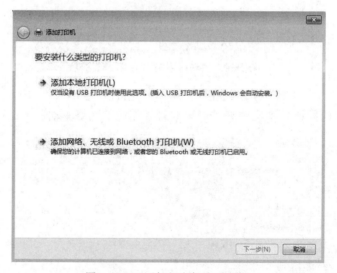

图 2-37　"添加打印机"对话框

2）在"选择打印机端口"界面中，如图 2-38 所示，选择打印机端口为 LPT1（默认），单击"下一步"。

3）在"安装打印机驱动程序"界面中，选择"厂商"和"打印机"型号，这里选择 Canon 和 Canon Inkjet MX300 series FAX，如图 2-39 所示。单击"下一步"按钮，出现"键入打印机名称"界面，可以输入打印机的名称或者选择默认打印机名，如图 2-40 所示，单击"下一步"，安装打印机驱动程序。

图 2-38 "选择打印机端口"界面

图 2-39 "安装打印机驱动程序"界面

图 2-40 "键入打印机名称"界面

4）在"打印机共享"界面，选择打印机"共享名称""位置"和"注释"，如图 2-41 所示。单击"下一步"按钮，出现成功添加打印机界面，如图 2-42 所示，如要测试打印机，可单击"打印测试页"，再单击"完成"，完成打印机安装。

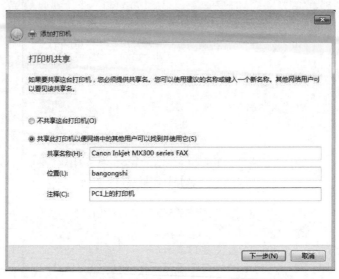

图 2-41  "打印机共享"窗口

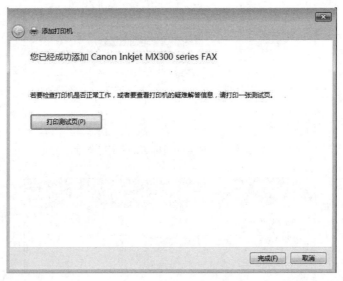

图 2-42  成功添加打印机

**步骤 7**  访问共享打印机。

在 PC2 上没有安装打印机，可使用 PC1 的打印机，前提是 PC1 上的打印机已设置了共享。

1）在 PC2 上，选择"开始"→"设备和打印机"命令，打开"设备和打印机"窗口，单击窗口顶部的"添加打印机"，打开"添加打印机"对话框，选择"添加网络、无线或 Bluetooth 打印机"选项，如图 2-43 所示，出现"正在搜索可用的打印机"界面，如图 2-44 所示。

图 2-43　"添加打印机"对话框

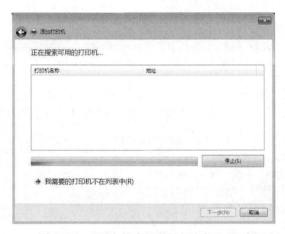

图 2-44　"正在搜索可用的打印机"界面

2）自动搜索已经共享的打印机，如果没有搜索到，单击"我需要的打印机不在列表中"，单击"下一步"，出现"按名称或 TCP/IP 地址查找打印机"界面，如图 2-45 所示。选中"按名称选择共享打印机"，输入"\\192.168.1.1\共享打印机名称"或"\\PC1\共享打印机名称"。

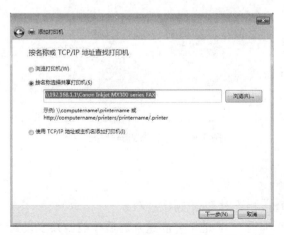

图 2-45　"按名称或 TCP/IP 地址查找打印机"界面

3）单击"下一步"按钮，完成网络共享打印机的安装，如图2-46所示，单击"下一步"，进入并可以进行打印机测试，单击"完成"。

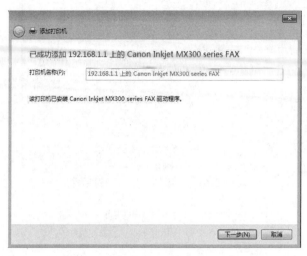

图2-46  成功添加网络共享打印机

4）完成网络共享打印机的安装后，在"设备和打印机"窗口，可以看到已成功添加的网络打印机，如图2-47所示，在PC2上就可以正常使用PC1上的打印机了。

图2-47  查看添加的网络打印机

【任务小结】

（1）两台计算机直接相连时必须使用交叉线。

（2）两台计算机必须设置IP地址并测试互通后才能做共享设置。

# 任务 3　组建小型交换网络

## 【任务描述】

公司财务部有 4 台计算机，现需要把财务部的 4 台计算机连接起来组建一个小型交换网络，需要用交换机组网并进行相关设置。

## 【相关知识】

### 一、交换机概述

在传统的共享式局域网中，所有节点共享一条公共通信传输链路，不可避免将会有冲突发生。随着局域网规模的扩大，网中节点数的不断增加，每个节点平均能分配到的带宽也减少了。因此，当网络通信负荷加重时，冲突与重发现象将大量发生，网络效率将会急剧下降。为了克服网络规模与网络性能之间的矛盾，可以利用局域网交换机，将共享式局域网改为交换式局域网。

局域网交换机工作在数据链路层，有多个端口，每个端口都是独立的，有自己独立的通路，改变了共享式局域网的"共享介质"的工作方式，支持多端口节点之间的多个并发连接，实现多节点数据的并发传输。

### 二、交换机工作过程

交换机工作在数据链路层，对数据帧进行操作。在收到数据帧后，交换机会根据数据帧的头部信息对数据帧进行转发。

交换机工作过程

交换机中有一个 MAC 地址表，里面存放了 MAC 地址与交换机端口的映射关系。MAC 地址表也称为 CAM（Content Addressable Memory）表。

如图 2-48 所示，交换机对帧的转发操作行为一共有 3 种：泛洪（Flooding）、转发（Forwarding）、丢弃（Discarding）。

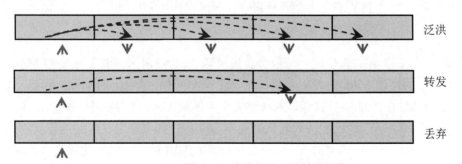

图 2-48　交换机的 3 种转发操作

泛洪：交换机把从某一端口进来的帧通过所有其他的端口转发出去（注意，"所有其他的端口"是指除了这个帧进入交换机的那个端口以外的所有端口）。

转发：交换机把从某一端口进来的帧通过另一个端口转发出去（注意，"另一个端口"不能是这个帧进入交换机的那个端口）。

丢弃：交换机把从某一端口进来的帧直接丢弃。

交换机的基本工作原理如下。

（1）如果进入交换机的是一个单播帧，则交换机会去 MAC 地址表中查找这个帧的目的 MAC 地址。如果查不到这个 MAC 地址，则交换机执行泛洪操作。如果查到了这个 MAC 地址，则比较这个 MAC 地址在 MAC 地址表中对应的端口是不是这个帧进入交换机的那个端口。如果不是，则交换机执行转发操作；如果是，则交换机执行丢弃操作。

（2）如果进入交换机的是一个广播帧，则交换机不会去查 MAC 地址表，而是直接执行泛洪操作。

下面通过实例来讲解交换机的工作过程。

（1）初始状态下，交换机并不知道所连接主机的 MAC 地址，所以 MAC 地址表为空。本例中，SWA 为初始状态，在收到主机 A 发送的数据帧之前，MAC 地址表中没有任何表项，如图 2-49 所示。

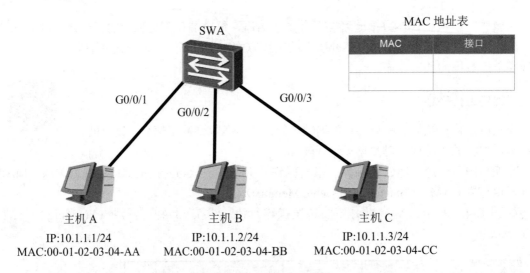

图 2-49　交换机初始状态

（2）主机 A 发送数据给主机 C 时，一般会首先发送 ARP 请求来获取主机 C 的 MAC 地址，此 ARP 请求帧中的目的 MAC 地址是广播地址，源 MAC 地址是自己的 MAC 地址。SWA 收到该帧后，会将源 MAC 地址和接收端口的映射关系添加到 MAC 地址表中。默认情况下，X7 系列交换机学习到的 MAC 地址表项的老化时间为 300 秒。如果在老化时间内再次收到主机 A 发送的数据帧，SWA 中保存的主机 A 的 MAC 地址和 G0/0/1 的映射的老化时间会被刷新。此后，如果交换机收到目标 MAC 地址为 00-01-02-03-04-AA 的数据帧时，都将通过 G0/0/1 端口转发，如图 2-50 所示。

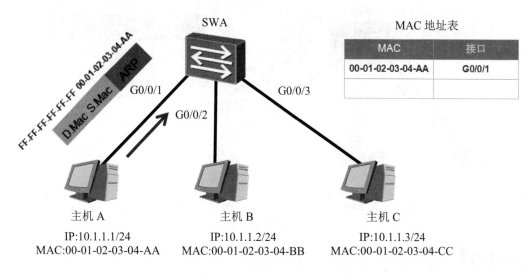

图 2-50　交换机学习 MAC 地址

（3）本例中主机 A 发送数据帧的目的 MAC 地址为广播地址，所以交换机会将此数据帧通过 G0/0/2 和 G0/0/3 端口广播到主机 B 和主机 C，如图 2-51 所示。

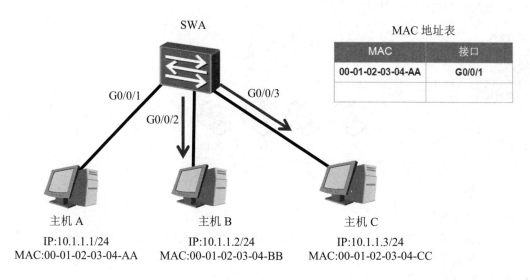

图 2-51　交换机转发数据帧

（4）主机 B 和主机 C 接收到此数据帧后，都会查看该 ARP 数据帧。但是主机 B 不会回复该帧，主机 C 处理该帧并发送 ARP 回应，此回复数据帧的目的 MAC 地址为主机 A 的 MAC 地址，源 MAC 地址为主机 C 的 MAC 地址。SWA 收到回复数据帧时，会将该帧的源 MAC 地址和接口的映射关系添加到 MAC 地址表中。如果此映射关系在 MAC 地址表中已经存在，则会被刷新。然后 SWA 查询 MAC 地址表，根据帧的目的 MAC 地址找到对应的转发端口后，从 G0/0/1 转发此数据帧，如图 2-52 所示。

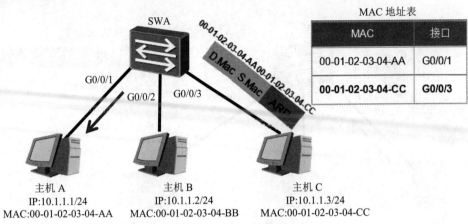

图 2-52　目标主机收到回复

【任务实施】

（1）实训设备。

计算机 4 台，交换机 1 台，直通线 4 条。

（2）网络拓扑。

实训网络拓扑如图 2-53 所示。

小型交换网络组建

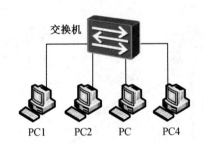

图 2-53　实训拓扑图

（3）实施步骤。

**步骤 1**　硬件连接。

将直通线的两端分别插入计算机网卡的 RJ-45 接口和交换机的端口中，检查网卡和交换机指示灯是否正常亮起，判断网络是否正常连通。

**步骤 2**　TCP/IP 配置。

1）配置 PC1、PC2、PC3、PC4 的 IP 地址和子网掩码如表 2-2 所示。

表 2-2　IP 地址和子网掩码

| 计算机名 | IP 地址 | 子网掩码 |
| --- | --- | --- |
| PC1 | 192.168.1.1 | 255.255.255.0 |
| PC2 | 192.168.1.2 | 255.255.255.0 |
| PC3 | 192.168.1.3 | 255.255.255.0 |
| PC4 | 192.168.1.4 | 255.255.255.0 |

2）利用 ping 命令测试 PC1、PC2、PC3、PC4 之间的连通性。例如在 PC2 上测试 PC1 和 PC2 之间是否连通，如图 2-54 所示。

图 2-54　测试结果

【任务小结】

（1）计算机和交换机相连时，使用直通线连接。

（2）每台计算机必须设置 IP 地址才能测试互联互通。

# 拓展任务

组建办公室的网络，并测试连通性。

# 课后习题

1. 在双绞线组网的方式中，（　　）是以太网的中心连接设备。

　　A．交换机　　　　　　　　　　B．路由器

　　C．网桥　　　　　　　　　　　D．中继器

2. 在数字通信中，传输介质的功能是（　　）。

　　A．将信号从一端传到另一端

　　B．纠正传输过程中的错误

　　C．根据线路状况自动调整信号形式

　　D．在源站与目的站间传送信息

3. 在局域网模型中，数据链路层分为（　　）。

　　A．逻辑链路层控制子层和网络子层

　　B．逻辑链路控制子层和媒体访问控制子层

　　C．网络接口访问控制子层和媒体访问控制子层

　　D．逻辑链路控制子层和网络接口访问控制子层

4．组建 LAN 时，光纤主要用于（　　　）。

    A．LAN 的桌面连接　　　　　　　　　　B．LAN 的主干连接

    C．LAN 的所有连接　　　　　　　　　　D．不能用

5．下列传输介质中，（　　　）的传输速率最高。

    A．双绞线　　　　　　　　　　　　　　B．同轴电缆

    C．光缆　　　　　　　　　　　　　　　D．无线传输介质

6．在以下传输介质中，带宽最宽、抗干扰能力最强的是（　　　）。

    A．双绞线　　　　　　　　　　　　　　B．同轴电缆

    C．光缆　　　　　　　　　　　　　　　D．无线传输介质

7．下列 MAC 地址正确的是（　　　）。

    A．00-16-5B-4A-34-2H　　　　　　　　B．192.168.1.55

    C．65-10-96-58-16　　　　　　　　　　D．00-06-5B-4F-45-BA

8．以太网最大可传送的帧（数据）长度为（　　　）个 8 位组。

    A．64　　　　　　　　　　　　　　　　B．32

    C．256　　　　　　　　　　　　　　　D．1500

9．MAC 地址与网络层地址的区别是（　　　）。

    A．网络层需要一个分层结构的寻址方案，与 MAC 的平面寻址方案恰恰相反

    B．网络层使用二进制形式的地址，而 MAC 地址是十六进制的

    C．网络层使用一个唯一的可转换地址

    D．上述答案都不对

10．采用全双工通信方式，数据传输的方向性结构为（　　　）。

    A．可以在两个方向上同时传输

    B．只能在一个方向上传输

    C．可以在两个方向上传输，但不能同时进行

    D．以上均不对

# 项目 3
# 划分公司部门子网

此项目主要针对网络管理员在日常工作中岗位能力的需求，重点培养网络管理员设置网络的基本能力。在培养能力的同时，还需要了解 IP 地址分类、掌握子网划分的方法等。

## 任务 1  划分公司 C 类网络

### 【任务描述】

目前，小王受聘的这家公司有人事部、配件部、财务部、售后部 4 个部门，公司 4 个部门的计算机可以互相访问。为了方便网络管理并优化网络性能，公司需要把 4 个部门之间的网络分开管理，使得不同部门的计算机之间不能互相访问，首先以 C 类地址为例划分子网。

### 【相关知识】

在 Internet 上各种网络设备进行通信必须遵循网络通信协议——TCP/IP。在这个协议中有两个非常重要的协议：TCP 和 IP。其中 TCP 主要用来管理网络通信的质量，保证网络传输中信息无误；而 IP 主要用来为网络传输提供通信地址，保证准确地找到接收数据的计算机。

### 一、IP 地址基础知识

1. IP 地址

IP 地址

IP 是英文 Internet Protocol 的缩写，意思是"网络之间互连的协议"，也就是为计算机网络相互连接进行通信而设计的协议。在 Internet 它是能使连接到网上的所有计算机实现相互通信的一套规则，规定了计算机在 Internet 上进行通信时应当遵守的规则。任何厂家生产的计算机系统，只要遵守 IP 就可以与 Internet 互联互通。正是因为有了 IP，Internet 才得以迅速发展成为世界上最大的、开放的计算机通信网络。因此，IP 也可以叫作"因特网协议"。Internet 上的每台主机（Host）都有一个唯一的 IP 地址，IP 地址是 Internet 上的计算机编号，通过 IP 地址来标识主机，类似电话号码，通过电话号码找到相应的电话，电话号码没有重复的，IP 地址也是唯一的。

在 Internet 的信息服务中，IP 地址具有以下重要的功能和意义。

（1）唯一的 Internet 上的通信地址。

（2）全球认可的通用地址格式。

（3）工作站、服务器和路由器的端口地址。

（4）运行 TCP/IP 的唯一标识符。

（5）若一台主机或路由器连接到两个或多个物理网络，则它可以拥有两个或多个 IP 地址。

IP 地址就像是我们的家庭住址一样，如果你要写信给一个人，你就要知道他（她）的地址，这样邮递员才能把信送到。计算机发送信息就好比是邮递员送信，它必须知道唯一的"家庭地址"才不至于把信送错。只不过我们的地址使用文字表示，计算机的地址用二进制数字表示。

2．IPv4 地址表示

IPv4 地址以 32 位二进制数的形式存储在计算机中。32 位的二进制数由网络标识和主机标识两部分组成，如图 3-1 所示，其中网络标识表示该主机所在的网络，主机标识表示该网络中特定的主机，因为网络标识所给出的网络位置才使得路由器为数据通信提供一条合适的路径。

| 网络标识 | 主机标识 |
|---|---|

32 位二进制

图 3-1　IP 地址组成

由于 32 位二进制数不好书写和记忆，通常采用点-分十进制数表示，把 32 位的 IP 地址分为 4 个 8 位组，每个 8 位组以一个十进制数来表示，中间用"．"号隔开。每个十进制数取值范围为 0～255，如图 3-2 所示。

| 32 位二进制表示 | 点-分十进制表示 |
|---|---|
| 00001010.01100100.00001000.01100100 | 10.100.8.100 |
| 10101100.00010000.00010010.00001010 | 172.16.18.10 |
| 11000000.10101000.01100100.00000001 | 192.168.100.1 |
| 11001010.01100000.10000000.10100110 | 202.96.128.166 |

图 3-2　IP 地址表示法

3．IP 地址分类

Internet 将 IP 地址分为 A、B、C、D、E 5 类，其中 A、B、C 类地址可供用户使用，D、E 类地址不作分配。

（1）A 类地址。A 类地址的网络地址部分为 8 位，主机地址部分为 24 位，用于超大规模网络。其中 A 类地址中网络位占前 8 位，主机位占 24 位，首位二进制数必须是 0。因此，第一个 8 位组的最小值是 00000000（十进制数为 0），最大值是 01111111（十进制数为 127），但是 0 和 127 两个数保留不使用，不能用作网络地址，所以 A 类 IP 地址第一个 8 位组取值范围为 1～126；每个 A 类地址可容纳的主机数为 $2^{24}-2$ 台（即 16777214 台，其中全 0、全 1 地址不可用）。

（2）B 类地址。B 类地址的网络地址部分为 16 位，主机地址部分为 16 位，用于中等规模网络。其中 B 类地址中网络位占前 16 位，主机位占 16 位，前两位二进制数必须是 10。因此，第一个 8 位组的最小值是 10000000（十进制数为 128），最大值是 10111111（十进制数为 191），所以 B 类 IP 地址第一个 8 位组取值范围为 128～191；每个 B 类地址可容纳的主机数为 $2^{16}-2$ 台（即 65534 台，其中全 0、全 1 地址不可用）。

（3）C 类地址。C 类地址的网络地址部分为 24 位，主机地址部分为 8 位，用于小型网络。其中 C 类地址中网络位占前 24 位，主机位占 8 位，前三位二进制数必须是 110。因此，第一个 8 位组的最小值是 11000000（十进制数为 192），最大值是 11011111（十进制数为 223），所以 C 类 IP 地址第一个 8 位组取值范围为 192～223；每个 C 类地址可容纳的主机数为 $2^8-2$ 台（即 254 台，其中全 0、全 1 地址不可用）。

（4）D 类地址。D 类地址是组播地址，地址范围为 224.0.0.0～239.255.255.255。

（5）E 类地址。E 类地址为未来使用保留，地址范围是 240.0.0.0～247.255.255.255。

IP 地址的分类如图 3-3 所示。

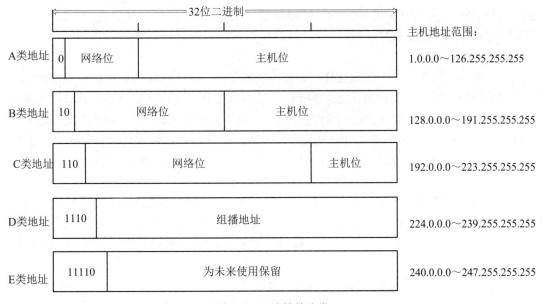

图 3-3　IP 地址的分类

### 4．IP 地址分配机构

互联网上的 IP 地址是由国际网络信息中心统一进行分配和管理的。

目前全世界共有 3 个这样的网络信息中心。

InterNIC：负责美国及其他地区。

ENIC：负责欧洲地区。

APNIC：负责亚太地区。

我国申请 IP 地址要通过 APNIC。APNIC 的总部设在澳大利亚布里斯班。

5. 子网掩码

子网掩码又叫网络掩码、地址掩码，它是用来指明一个 IP 地址的哪些位标识的是子网，以及哪些位标识的是主机位。子网掩码不能单独存在，它必须结合 IP 地址一起使用。与 IP 地址相同，子网掩码的长度也是 32 位，左边是网络位，用二进制数字"1"表示；右边是主机位，用二进制数字"0"表示。只有通过子网掩码才能知道一台主机所在的子网与其他子网的关系。

A、B、C 3 类网络默认的子网掩码如表 3-1 所示。

表 3-1　默认的子网掩码

| 类型 | 用二进制表示的子网掩码 | 子网掩码 |
| --- | --- | --- |
| A 类 | 11111111.00000000.00000000.00000000 | 255.0.0.0 |
| B 类 | 11111111.11111111.00000000.00000000 | 255.255.0.0 |
| C 类 | 11111111.11111111.11111111.00000000 | 255.255.255.0 |

为了表达方便，在书写上还可以采用 X.X.X.X/Y 的方式来表示 IP 地址与子网掩码，其中 X.X.X.X 表示 IP 地址，Y 表示子网掩码中与网络位对应的位数。例如 192.168.10.2，子网掩码为 255.255.255.0，可以表示为 192.168.10.2/24；而 192.168.10.30，子网掩码为 255.255.255.224，可以表示为 192.168.10.30/27。

6. 特殊地址

在 IP 地址空间中，有一些地址被保留作为特殊之用，这些保留的地址称为特殊地址。

（1）网络地址。网络地址是互联网上的节点在网络中具有的逻辑地址。其具有正常的网络号部分，主机号为"0"，代表一个特定的网络，即作为网络标识之用，通常在路由表中。如 10.0.0.0、172.16.0.0、192.168.10.0 分别代表一个 A、B、C 类的网络地址。

（2）广播地址。广播地址是专门用于向网络中所有工作站发送的一个地址。其具有正常的网络号部分，主机号为"1"，广播的分组传送给此网络段所涉及的所有计算机。

1）受限的广播地址。受限的广播地址是 255.255.255.255。该地址用于主机配置过程中 IP 数据报的目的地址，此时，主机可能还不知道它所在网络的网络掩码，甚至连它的 IP 地址也不知道。在任何情况下，路由器都不转发目的地址为受限的广播地址的数据报，这样的数据报仅出现在本地网络中。

2）指向网络的广播地址。指向网络的广播地址是主机号为全 1 的地址。A 类网络广播地址为 netid.255.255.255，其中 netid 为 A 类网络的网络号。一个路由器必须转发指向网络的广播，但它也必须有一个不进行转发的选择。

3）指向子网的广播地址。指向子网的广播地址是主机号为全 1 且有特定子网号的地址。作为子网直接广播地址的 IP 地址需要了解子网的掩码。例如，如果路由器收到发往 128.1.2.255 的数据报，当 B 类网络 128.1 的子网掩码为 255.255.255.0 时，该地址就是指向子网的广播地址；但如果该子网的掩码为 255.255.254.0，该地址就不是指向子网的广播地址。

（3）回送地址。第一个十进制段为 127 的 A 类网络地址是一个保留地址，用于网络测试和本地机进程间通信，如 127.0.0.1，一旦使用回送地址发送数据，协议软件立即返回，不进行任何网络传输。

（4）私有地址。在现在的网络中，IP 地址分为公网 IP 地址和私有 IP 地址。公网 IP 是在 Internet 中使用的 IP 地址，而私有 IP 地址则是在局域网中使用的 IP 地址，无法在 Internet 上使用。当私有网络内的主机要与位于公网上的主机进行通信时必须经过地址转换（Network Address Translation，NAT），将其私有地址转换为合法的公网地址才能对外访问。

私有地址属于非注册地址，专门为组织机构内部使用。以下列出留用的内部私有地址。

A 类 10.0.0.0～10.255.255.255。

B 类 172.16.0.0～172.31.255.255。

C 类 192.168.0.0～192.168.255.255。

子网划分

## 二、为什么划分子网

为什么要划分子网呢？我们先看 A、B、C 3 类网络中的主机数，对于 A 类地址来说，网络位占 8 位，主机位占 24 位，一个 A 类地址可以容纳的主机数为 $2^{24}-2$，即为 16777214 个 IP，一个 B 类地址也可以容纳 $2^{16}-2$ 台计算机，即为 65534 个 IP，一个 C 类地址也可以容纳 $2^{8}-2$ 台计算机，即为 254 个 IP；现实中很难有这么大的网络来满足 A 类或者 B 类地址的使用，这就造成 IP 的浪费。如何更加高效地利用 IP 地址呢？这就引入子网划分，如图 3-4 所示。子网划分的优点是可以充分利用 IP 地址，并增强系统安全性，同时方便网络管理和故障诊断。

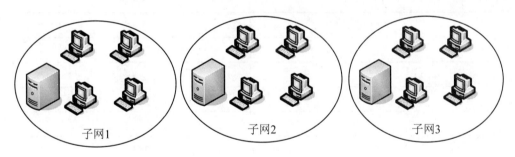

图 3-4 子网 1、2、3

当网络中的主机总数未超出所给定的某类网络可容纳的最大主机数，但内部又要划分成若干个分段进行管理时，就可以采用子网划分的方法。

## 三、IP 子网划分方法

子网划分的过程就是将 IP 网络进一步划分成许多小的部分，这些部分称为子网。也可以认为子网就是被细分的网络，可以像正常的 IP 地址使用。子网 IP 地址的格式如图 3-5 所示，创建子网的目的是解决 IP 地址浪费，经过划分后向主机地址借出若干高位给网络部分，那么主机位少了，每个子网中的主机数量也减少了。

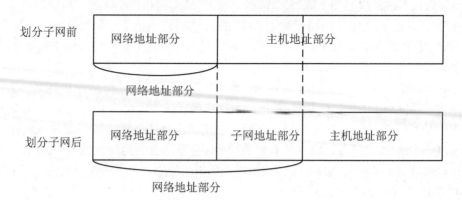

图 3-5　子网 IP 地址格式

在子网划分时，首先明确划分后所要得到的子网数量和每个子网中所要拥有的主机数，然后才能确定需要从原主机位借出的子网络标识位数。原则上，根据全"0"和全"1"IP 地址保留的规定，子网划分时至少要从主机位的高位中选择两位作为子网络位，而只要能保证保留两位作为主机位。A、B、C 类网络最多可借出的子网络位是不同的，A 类可达 22 位，B 类为 14 位，C 类则为 6 位。

显然，当借出的子网络位数不同时，相应可以得到的子网络数量及每个子网中所能容纳的主机数也是不同的，如表 3-2 所示。

表 3-2　子网位数和子网数量的关系

| 子网位 | 子网数 |
| --- | --- |
| 1 | $2^1=2$ |
| 2 | $2^2=4$ |
| 3 | $2^3=8$ |
| 4 | $2^4=16$ |
| 5 | $2^5=32$ |
| …… | …… |

1. 子网号（二进制方法）

采用二进制的方法找出子网号的关键如下。

（1）每个子网号的网络部分与待划分 IP 网络号的网络部分相同。

（2）每个子网号主机部分全为 0。

（3）子网号的子网部分都不相同，用来区别各个子网。

2. 子网广播地址（二进制方法）

（1）在每个用二进制表示的子网号中，将所有的主机位都换成 1。

（2）将这些号码转换为十进制，按照 8 位一组（即便一个字节中包含子网和主机部分）转换为十进制。

3．IP 地址（二进制方法）

（1）为了找出子网内可供分配的最小 IP 地址，只需要将子网地址加 1。

（2）为了找出子网内可供分配的最大 IP 地址，只需要把子网广播地址减 1。

## 【任务实施】

某单位有 100 台左右计算机，原来都是在 192.168.10.0 （给定网络地址）这个 C 类网络中，为了提高网络的性能，加强网络的安全性。把单位的计算机按财务、人事、配件、售后这 4 个部门统筹划分，每个部门用一个独立的子网（总共 4 个子网），每个子网包括的计算机在 50 台以内，网络拓扑图如图 3-6 所示，请写出详细的分配方案。

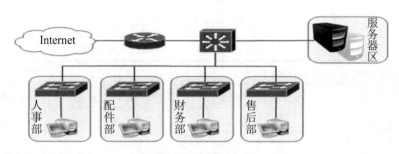

图 3-6　网络拓扑图

**步骤 1** 根据子网个数确定借几位表示子网号。

根据公司要求划分 4 个独立的子网，如果借 S 位，可以划分的子网数为 $2^S>=4$，那么 $S>=2$。

**步骤 2** 确定每个子网容纳的主机数。

如果 $S=2$，那么 32 位二进制数中，24 位用于表示网络，2 位表示子网，主机位仅剩下 6 位，所以每个子网中可容纳的主机数为 $2^6-2=62$，满足要求。

**步骤 3** 根据子网个数确定子网掩码。

由 C 类地址可知，默认的子网掩码为 255.255.255.0，其二进制表示为 11111111.11111111.11111111.00000000，其 1 的部分表示网络 ID，0 的部分表示主机 ID。现在向主机位借 2 位，掩码变为 11111111.11111111.11111111.11000000，即 255.255.255.192。

**步骤 4** 确定子网地址。

把 192.168.10.0 转化为二进制数求得所有的子网地址，子网地址就是主机位为 0 的地址，如下所示。

| 网络位 | 子网位 | 主机位 | |
|---|---|---|---|
| 11000000.10101000.00001010. | 00 | 000000 | 192.168.10.0 |
| 11000000.10101000.00001010. | 01 | 000000 | 192.168.10.64 |
| 11000000.10101000.00001010. | 10 | 000000 | 192.168.10.128 |
| 11000000.10101000.00001010. | 11 | 000000 | 192.168.10.192 |

**步骤 5** 确定广播地址。

把 192.168.10.0 转化为二进制数求得所有的广播地址，广播地址就是主机位为 1 的地址，如下所示。

项目 3

| 网络位 | 子网位 | 主机位 | |
|---|---|---|---|
| 11000000.10101000.00001010. | 00 | 111111 | 192.168.10.63 |
| 11000000.10101000.00001010. | 01 | 111111 | 192.168.10.127 |
| 11000000.10101000.00001010. | 10 | 111111 | 192.168.10.191 |
| 11000000.10101000.00001010. | 11 | 111111 | 192.168.10.255 |

**步骤 6** 确定可用 IP 地址范围。

1）子网中可供分配的最小 IP 地址就是将子网地址加 1。

2）子网中可供分配的最大 IP 地址就是将子网广播地址减 1。

得到的可供分配的 IP 地址如表 3-3 所示。

表 3-3　可供分配的 IP 地址

| 序号 | 子网地址 | 最小 IP 地址 | 最大 IP 地址 | 广播地址 |
|---|---|---|---|---|
| 1 | 192.168.10.0 | 192.168.10.1 | 192.168.10.62 | 192.168.10.63 |
| 2 | 192.168.10.64 | 192.168.10.65 | 192.168.10.126 | 192.168.10.127 |
| 3 | 192.168.10.128 | 192.168.10.129 | 192.168.10.190 | 192.168.10.191 |
| 4 | 192.168.10.192 | 192.168.10.193 | 192.168.10.254 | 192.168.10.255 |

上面划分的 4 个子网分别分给财务、人事、配件、售后 4 个部门，每个子网中选取 30 个 IP 地址分给部门主机。

## 【任务小结】

（1）借位时，一定要从主机位的高位部分借位。

（2）注意子网地址和广播地址不可分给主机使用。

# 任务 2　划分 B 类 IP 地址子网

## 【任务描述】

一家集团公司有 12 家子公司，每家子公司又有 4 个部门。上级给出一个 172.16.0.0/16 的网段，让给每家子公司以及子公司的部门分配网段。

## 【任务实施】

**步骤 1** 先划分各子公司的所属网段。

有 12 家子公司，那么就有 $2^n \geq 12$，n 的最小值为 4。因此，网络位需要向主机位借 4 位。那么就可以从 172.16.0.0/16 这个大网段中划出 $2^4 = 16$ 个子网，其中有效子网为 16 个，可以拿出其中的 12 个分给 12 家子公司。

**步骤 2** 确定子网掩码。

经步骤 1，从主机位借了 4 位给网络位，那么表示网络位的为 16+4=20 位，表示主机位的为 16-4=12 位，根据子网掩码的定义网络位表示为 1，主机位表示为 0，所以子网掩码为 11111111.11111111.11110000.00000000，转化为十进制为 255.255.240.0，即可以表示为 172.16.0.0/20。

　　**步骤 3**　确定每个子网地址。

　　把 172.16.0.0/20 转化为二进制数求得所有的子网地址，子网地址就是主机位为 0 的地址，如下所示。

```
    网络位          子网位   主机位
10101100.00010000|0000|0000.00000000        172.16.0.0/20
10101100.00010000|0001|0000.00000000        172.16.16.0/20
10101100.00010000|0010|0000.00000000        172.16.32.0/20
10101100.00010000|0011|0000.00000000        172.16.48.0/20
10101100.00010000|0100|0000.00000000        172.16.64.0/20
10101100.00010000|0101|0000.00000000        172.16.80.0/20
10101100.00010000|0110|0000.00000000        172.16.96.0/20
10101100.00010000|0111|0000.00000000        172.16.112.0/20
10101100.00010000|1000|0000.00000000        172.16.128.0/20
10101100.00010000|1001|0000.00000000        172.16.144.0/20
10101100.00010000|1010|0000.00000000        172.16.160.0/20
10101100.00010000|1011|0000.00000000        172.16.176.0/20
10101100.00010000|1100|0000.00000000        172.16.192.0/20
10101100.00010000|1101|0000.00000000        172.16.208.0/20
10101100.00010000|1110|0000.00000000        172.16.224.0/20
10101100.00010000|1111|0000.00000000        172.16.240.0/20
```

　　从上面划分的 16 个子网地址中选取其中的 12 个分配给 12 家子公司，每个子公司最多容纳的主机数目为 $2^{12}-2=4094$，下面再对子公司的 4 个部门进行子网划分。

　　**步骤 4**　以其中的一个子网为例，再给子公司的 4 个部门划分子网。

　　下面以 172.16.16.0/20 为例，再考虑分 4 个子网；其他子公司的部门网段划分同该子公司。

　　有 4 个部门，那么就有 $2^n \geq 4$，n 的最小值为 2。因此，网络位需要向主机位借 2 位。那么就可以从 172.16.16.0/20 这个网段中再划出 $2^2=4$ 个子网，符合要求。

　　再次向主机位借 2 位，那么表示网络位的共 22 位，那么子网掩码就为 11111111.11111111.11111100.00000000，得到的子网掩码为 255.255.252.0。

　　确定每个子网地址，如下所示。

```
    网络位                子网位   主机位
10101100.00010000.0001|00|00.00000000      172.16.16.0/10
10101100.00010000.0001|01|00.00000000      172.16.20.0/10
10101100.00010000.0001|10|00.00000000      172.16.24.0/10
10101100.00010000.0001|11|00.00000000      172.16.28.0/10
```

将这 4 个网段分别分给该公司的 4 个部门即可,每个部门最多容纳的主机数目为 $2^{10}-2=1022$。确定可用的 IP 地址范围，如表 3-4 所示。

表 3-4　可用 IP 地址范围表

| 序号 | 子网地址 | 最小 IP 地址 | 最大 IP 地址 | 广播地址 |
|---|---|---|---|---|
| 1 | 172.16.16.0 | 172.16.16.1 | 172.16.19.254 | 172.16.19.255 |
| 2 | 172.16.20.0 | 172.16.20.1 | 172.16.23.254 | 172.16.23.255 |
| 3 | 172.16.24.0 | 172.16.24.1 | 172.16.27.254 | 172.16.27.255 |
| 4 | 172.16.28.0 | 172.16.28.1 | 172.16.31.254 | 172.16.31.255 |

## 【任务小结】

（1）二次借位时同样要从主机位的高位部分借位。

（2）注意子网地址和广播地址不可分给主机使用。

# 任务 3　划分可变长子网掩码

## 【任务描述】

某公司分配了一段 IP 地址 192.168.10.0/24，现在该公司有两层办公楼（1 楼和 2 楼），统一从 1 楼的路由器上公网。1 楼有 100 台计算机连网，2 楼有 50 台计算机连网。如果你是网管，你该怎么去分配这个 IP？

## 【相关知识】

### 一、可变长子网掩码

为了充分利用 IP 地址，有的案例不适合利用等长子网掩码进行子网划分，就需要引入可变长子网掩码来划分子网,可变长子网掩码表示子网掩码的长度不一样，网络号长度也不一样，这种方法是最常用且实用的方法，使 IP 地址得到充分利用。

可变长子网掩码（Variable Length Subnet Mask，VLSM）：各子网主机数量不同的情况下，允许在同一网络范围内使用不同长度的子网掩码。

### 二、无类域间路由

在网络中，如何进行高效的寻址呢？这就需要引入无类域间路由（Classless Inter-Domain Routing，CIDR），它是一个用于给用户分配 IP 地址的以及在互联网上有效地路由 IP 数据报的对 IP 地址进行归类的方法。由于使用了 VLSM，无形中增加了使用路由条目，降低了通信的效率，利用 CIDR 将若干小的网络合并成一个大的网络。如图 3-7 所示，路由器 A 为边界路由器，在边界路由器 A 上存放多条路由信息会降低查询效率，这就需要在边界路由器上做归类，对外界公布时只需要公布一个大的网络号，添加一条路由信息。把 5 个子网地址转换为二进制形式，从最高位找它们相同的部分，前 21 位相同，把相同部分归类一起作为网络位，不同的部分作为主机位，转化为十进制为 212.1.0/21。这就把 5 个小的网络聚合为一个大的网络，减少了路由条目，方便了路由寻址。

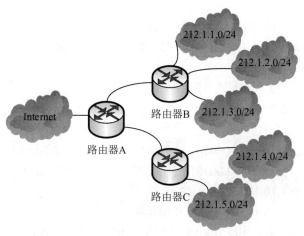

图 3-7    CIDR 路由条目图

子网 1：212.1.1.0/24 转化为二进制  11010100.00000001.00000001.00000000
子网 2：212.1.2.0/24 转化为二进制  11010100.00000001.00000010.00000000
子网 3：212.1.3.0/24 转化为二进制  11010100.00000001.00000011.00000000
子网 4：212.1.4.0/24 转化为二进制  11010100.00000001.00000100.00000000
子网 5：212.1.5.0/24 转化为二进制  11010100.00000001.00000101.00000000

【任务实施】

根据公司要求，绘制出的网络分布图如图 3-8 所示。

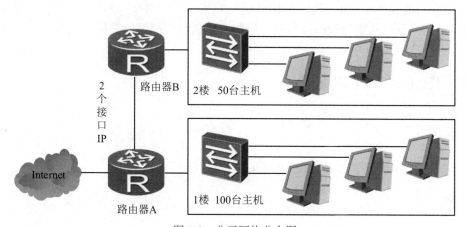

图 3-8    公司网络分布图

**步骤 1**    按照 1 楼主机数划分。
给定的 IP 地址为 192.168.10.0/24，一般先分配主机数量多的子网。

满足 1 楼主机 100 台，$2^n-2 \geq 100$，$n$ 的最小值为 7，主机位占 7 位，子网位占 1 位，全 0 和全 1 的地址不可用。

11000000.10101000.00001010.00000000      192.168.10.0

11000000.10101000.00001010.10000000      192.168.10.128

得到的子网地址：192.168.10.0/25     1 楼用

              192.168.10.128/25     其他楼用

其中 1 楼的 IP 地址可用范围为 192.168.10.1/25～192.168.10.126/25。

**步骤 2**    按照 2 楼主机数划分。

接着拿 192.168.10.128/25 为 2 楼主机分配 IP。

满足 2 楼主机 50 台，$2^n-2 \geq 50$，$n$ 的最小值为 6，主机位占 6 位，子网位占 2 位，全 0 和全 1 的地址不可用。

11000000.10101000.00001010.10000000     192.168.10.128

11000000.10101000.00001010.11000000     192.168.10.192

得到的子网地址：192.168.10.128/26     2 楼用

              192.168.10.192/26     其他楼用

其中 2 楼的 IP 地址可用范围为 192.168.10.129/26～192.168.10.190/26。

**步骤 3**    为两个路由器分配 IP 地址。

接着将 192.168.10.192/26 地址分配给两个路由器。

两个路由器只需要 2 个 IP，$2^n-2 \geq 2$，$n$ 的最小值为 2，主机位占 2 位，子网位占 6 位，其中一个子网地址为 192.168.10.192/30，分配给路由器 A 和 B 使用。路由器 A 和 B 的地址分别为 192.168.10.193/30 和 192.168.10.194/30。

## 【任务小结】

（1）规划子网时需要考虑两个因素：所需的子网数量、所需主机地址的数量。

（2）确定可用主机数量的公式 $2^n-2$：$2^n$（其中 $n$ 为主机位）用于计算主机数量；$-2$ 表示在每个子网中不能使用子网 ID 和广播地址。

（3）借位规则：从主机位的高位开始借位；主机位至少保留 2 位。

# 任务 4　IP 地址与子网划分

## 【任务描述】

如果你是网管，要会判断不同的 IP 地址是否在同一子网。

## 【相关知识】

### 一、如何区分 IP 地址

（1）如图 3-9 所示的两个 IP 地址，如何区分这两个地址？

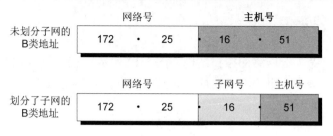

图 3-9　IP 地址 1

（2）如何确定如图 3-10 两个 IP 地址是否属于同一个网络？

图 3-10　IP 地址 2

## 二、按位"与"运算

参加运算的两个数据，按二进制位进行"与"运算。如果两个相应的二进制位都为 1，则该位的结果值为 1，否则为 0，即 0&0=0；0&1=0；1&0=0；1&1=1。

举例说明：3D =00000011B

&　5D =00000101B

1D =00000001B

通过 IP 地址与子网掩码的按位"与"运算来判断网络地址，如图 3-11 所示。

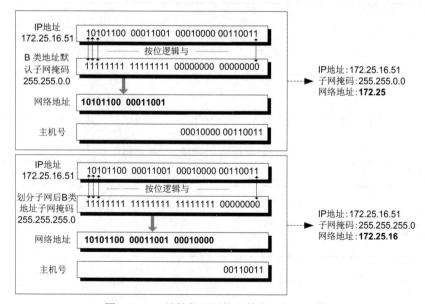

图 3-11　IP 地址与子网掩码按位"与"运算

IP 地址与子网划分

## 【任务实施】

某办公网络的拓扑结构如图 3-12 所示，先根据主机的 IP 地址和子网掩码求出每台主机的网络地址，并测试主机之间的连通性。

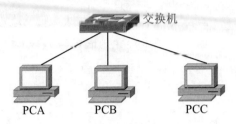

图 3-12　网络拓扑图

**步骤 1**　测试 1。

1）按照如表 3-5 所示的信息配置各计算机的 IP 地址、子网掩码，并求出计算机的网络地址。

表 3-5　计算机的 IP 地址、子网掩码

| 计算机 | IP 地址 | 子网掩码 | 网络地址 |
| --- | --- | --- | --- |
| PCA | 192.168.10.10 | 255.255.255.0 | |
| PCB | 192.168.10.20 | 255.255.255.0 | |
| PCC | 192.168.10.30 | 255.255.255.0 | |

2）使用 ping 命令测试各计算机之间的连通性，并填入表 3-6。

表 3-6　测试计算机之间的连通性表

| 计算机 | PCA | PCB | PCC |
| --- | --- | --- | --- |
| PCA | / | | |
| PCB | | / | |
| PCC | | | / |

**步骤 2**　测试 2。

1）按照表 3-7 所示的信息配置各计算机的 IP 地址、子网掩码，并求出计算机的网络地址。

表 3-7　计算机的 IP 地址、子网掩码

| 计算机 | IP 地址 | 子网掩码 | 网络地址 |
| --- | --- | --- | --- |
| PCA | 192.168.10.10 | 255.255.255.224 | |
| PCB | 192.168.10.20 | 255.255.255.224 | |
| PCC | 192.168.10.30 | 255.255.255.224 | |

2）使用 ping 命令测试各计算机之间的连通性，并填入表 3-8。

表 3-8　测试计算机之间的连通性表

| 计算机 | PCA | PCB | PCC |
|---|---|---|---|
| PCA | / | | |
| PCB | | / | |
| PCC | | | / |

**步骤 3**　测试 3。

1）按照表 3-9 所示的信息配置各计算机的 IP 地址、子网掩码，并求出计算机的网络地址。

表 3-9　计算机的 IP 地址、子网掩码

| 计算机 | IP 地址 | 子网掩码 | 网络地址 |
|---|---|---|---|
| PCA | 192.168.10.10 | 255.255.255.224 | |
| PCB | 192.168.10.20 | 255.255.255.224 | |
| PCC | 192.168.10.50 | 255.255.255.224 | |

2）使用 ping 命令测试各计算机之间的连通性，并填入表 3-10。

表 3-10　测试计算机之间的连通性表

| 计算机 | PCA | PCB | PCC |
|---|---|---|---|
| PCA | / | | |
| PCB | | / | |
| PCC | | | / |

**步骤 4**　测试 4。

1）按照表 3-11 所示的信息配置各计算机的 IP 地址、子网掩码，并求出计算机的网络地址。

表 3-11　计算机的 IP 地址、子网掩码

| 计算机 | IP 地址 | 子网掩码 | 网络地址 |
|---|---|---|---|
| PCA | 192.168.10.10 | 255.255.255.240 | |
| PCB | 192.168.10.20 | 255.255.255.240 | |
| PCC | 192.168.10.30 | 255.255.255.240 | |

2）使用 ping 命令测试各计算机之间的连通性，并填入表 3-12。

表 3-12　测试计算机之间的连通性表

| 计算机 | PCA | PCB | PCC |
|---|---|---|---|
| PCA | / | | |
| PCB | | / | |
| PCC | | | / |

**步骤 5** 测试 5。

1）按照表 3-13 所示的信息配置各计算机的 IP 地址、子网掩码，并求出计算机的网络地址。

表 3-13　计算机的 IP 地址、子网掩码

| 计算机 | IP 地址 | 子网掩码 | 网络地址 |
| --- | --- | --- | --- |
| PCA | 192.168.10.10 | 255.255.224.0 | |
| PCB | 192.168.50.20 | 255.255.224.0 | |
| PCC | 192.168.80.30 | 255.255.224.0 | |

2）使用 ping 命令测试各计算机之间的连通性，并填入表 3-14。

表 3-14　测试计算机之间的连通性表

| 计算机 | PCA | PCB | PCC |
| --- | --- | --- | --- |
| PCA | / | | |
| PCB | | / | |
| PCC | | | / |

## 【任务小结】

（1）IP 地址与子网掩码按位"与"运算得到网络地址。

（2）同一子网中的主机可以互联互通，不同子网中的主机不能互通。

# 拓展任务

为某公司的几个部门分配子网，并列出 IP 地址、子网掩码、网络地址和广播地址。

# 课后习题

1. 以下（　　）不是有效的 IP 地址。
   A．193.254.8.1　　　　　　　　　　B．193.8.1.2
   C．193.1.25.8　　　　　　　　　　 D．193.1.8.257
2. 以下（　　）地址为回送地址。
   A．128.0.0.1　　　　　　　　　　　B．127.0.0.1
   C．126.0.0.1　　　　　　　　　　　D．125.0.0.1
3. 以下不属于专用地址的是（　　）。
   A．10.0.0.1　　　　　　　　　　　 B．172.31.254.1
   C．192.168.0.16　　　　　　　　　 D．172.33.25.220

项目 3

4．网络地址为 154.27.0.0 的网络，若不做子网划分，能容纳（　　）台主机。

A．254　　　　　B．1024　　　　　C．65536　　　　D．65534

5．IP 地址 129.66.51.37 中表示网络号的部分是（　　）。

A．129.66　　　　B．129　　　　C．129.66.51　　　D．37

6．一台 IP 地址为 10.110.9.113/21 的计算机，主机在启动时发出的广播 IP 地址是（　　）。

A．10.110.9.255　　　　　　　　B．10.110.15.255

C．10.110.255.255　　　　　　　D．10.255.255.255

7．对于 C 类 IP 地址，子网掩码为 255.255.255.248，则能提供的子网数为（　　）。

A．16　　　　　B．32　　　　　C．64　　　　　D．128

8．IP 地址为 192.168.12.72，子网掩码为 255.255.255.192，该地址所在网段的网络地址和广播地址为（　　）。

A．192.168.12.32, 192.168.12.127

B．192.168.0.0, 255.255.255.255

C．192.168.12.43, 255.255.255.128

D．192.168.12.64, 192.168.12.127

9．IP 地址 219.25.23.56 的默认子网掩码有（　　）位。

A．8　　　　　B．16　　　　　C．24　　　　　D．32

10．以下 IP 地址中，不属于 B 类 IP 地址的是（　　）。

A．150.66.80.8　　　　　　　　B．190.55.7.5

C．126.110.2.6　　　　　　　　D．160.33.88.55

# 项目**4**
# 隔离公司部门网络

此项目主要针对网络管理员在日常工作中岗位能力的需求，重点培养网络管理员配置和管理交换机的基本能力，能实现配置虚拟局域网的目标。在培养能力的同时，还需要理解交换机的基本结构，掌握交换机的配置命令，并熟练掌握划分虚拟局域网（VLAN）的方法。

## 任务1  交换机的基本配置

### 【任务描述】

小王在一家公司网络中心做网络管理员。随着网络应用的逐步深入，公司陆续添置了计算机和可管理的网络设备，需要对新进的交换机进行配置和管理。

根据需求，需要熟悉交换机各种不同的配置模式，以及如何在配置模式间切换，使用命令进行基本的配置，并熟悉命令行界面的操作技巧。

### 【相关知识】

### 一、交换机硬件的组成

交换机的组成

交换机相当于一台特殊的计算机，同样由硬件和软件组成。硬件包括 CPU、存储介质、端口等。软件主要有 IOS 操作系统（Internetwork Operating System）。交换机的端口主要有以太网（Ethernet）端口、快速以太网（Fast Ethernet）端口、吉比特以太网（Gigabit Ethernet）端口和控制口。

（1）中央处理单元（Central Processing Unit，CPU）：CPU 具有控制和管理交换机的功能，控制和管理交换机所有网络通信的运行。

（2）交换机背板的 ASIC 芯片：ASIC 即专用集成电路，交换机所有端口之间直接并行转发数据，以提高交换机高速转发数据的性能。

（3）RAM、ROM：RAM 用于辅助 CPU 工作，对 CPU 处理的数据进行暂时存储；ROM 主要用于保存交换机的启动引导程序等。

（4）FLASH：FLASH 用于保存交换机的操作系统程序以及交换机系统的配置文件信息等。

（5）非易失性 RAM（NVRAM）：非易失性 RAM 存储交换机的初始化或者启动配置文件，系统启动时将从其中读取该配置文件。

## 二、交换机的访问方式

一般来说，交换机可以通过 4 种方式进行配置。

（1）通过 Console 接口访问交换机。新交换机在进行第一次配置时必须通过 Console 接口访问交换机。其中交换机的 Console 接口和计算机的串口是通过反转线连接起来的。

（2）通过 Telnet 访问交换机。如果管理员不在交换机处，可以通过 Telnet 远程配置交换机，当然需要预先在交换机上配置 IP 地址和密码，并保证管理员的计算机和交换机之间是 IP 可达的。

（3）通过 Web 对交换机进行远程管理。

（4）通过 Ethernet 上的 SNMP 网关工作站。通过网关工作站进行配置，在网络中至少需要一台 Ciscoworks 或 Cisco View 等网关工作站，还需要购买网关软件。

## 三、交换机的配置模式

（1）用户模式。当计算机和交换机建立连接，配置好仿真终端时，首先处于用户模式（User EXEC 模式）。在用户模式下，可以使用少量用户模式命令，命令的功能也受到一定限制。用户模式命令的操作结果不会被保存。用户模式状态：Switch>。

（2）特权模式。要想在交换机上使用更多的命令，必须进入特权模式（Privileged EXEC 模式）。通常由用户模式进入特权模式时，必须输入进入特权模式的命令 enable。在特权模式下，用户可以使用所有的特权命令，可以使用命令的数目也增加了很多。特权模式状态：Switch#。

（3）配置模式。通过 configure terminal 命令，可以由特权模式进入配置模式。在配置模式下，可以使用更多的命令来修改交换机的系统参数。

使用配置模式（全局配置模式、接口配置模式、VLAN 配置模式、线程工作模式）的命令会对当前的配置产生影响。如果用户保存了配置信息，这些命令将被保存下来，并在系统重新启动时再次执行。要进入各种配置模式，首先必须进入全局配置模式。从全局配置模式出发，可以进入接口配置模式等各种配置子模式。全局模式状态：Switch(config)#。

以上几种配置模式输入口令的关系如图 4-1 所示。

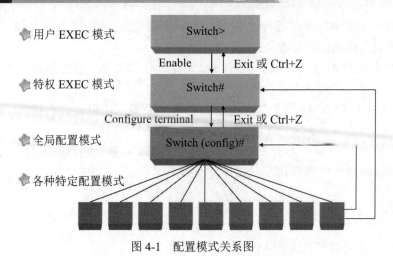

◆ 用户 EXEC 模式

◆ 特权 EXEC 模式

◆ 全局配置模式

◆ 各种特定配置模式

图 4-1　配置模式关系图

## 【任务实施】

（1）实训设备。

二层交换机一台，计算机 1 台，配置线缆一条。

（2）网络拓扑。

实训的网络拓扑如图 4-2 所示。

交换机的基本配置

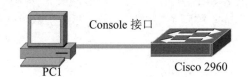

图 4-2　实训拓扑图

如图 4-2 所示，连接线要使用专用的配置线缆，线的一端接计算机的 COM 口（串行通信端口），另外一端接所要配置交换机的 Console 接口。

（3）注意事项。

利用 Cisco Packet Tracer 6 打开 PC1 的超级终端，进入端口属性设置对话框（9600-8-无-1-无），如图 4-3 所示，就可以登录交换机。

图 4-3　端口属性

（4）实施步骤。

**步骤1**　交换机命令行操作模式的进入。

| | |
|---|---|
| Switch>enable | //进入特权模式 |
| Switch#configure terminal | //进入全局配置模式 |
| Switch(config)# | |
| Switch(config)# interface fastethernet 0/8 | //进入交换机 F0/8 接口模式 |
| Switch(config-if)# | |
| Switch(config-if)#exit | //退回到上一级操作模式 |
| Switch(config-if)#end | //直接退回到特权模式 |

**步骤2**　交换机命令行帮助功能。

| | |
|---|---|
| Switch>? | //显示当前模式下所有可执行的命令 |
| Switch#co? | //显示当前模式下所有以 co 开头的命令 |
| Switch#copy ? | //显示 copy 命令后可执行的参数 |

**步骤3**　交换机基本命令的用法。

| | |
|---|---|
| Switch#conf　　ter | //命令的简写，该命令代表 configure terminal |
| Switch(config)# | |
| Switch#conf | //命令的自动补齐（按键盘的 Tab 键自动补齐 configure） |

**步骤4**　交换机的全局基本配置。

| | |
|---|---|
| Switch>enable | |
| Switch#configure terminal | |
| Switch(config)# hostname jsjwl | //配置交换机的设备名称为 jsjwl |
| jsjwl (config)# | |
| jsjwl(config)# banner motd & | //使用 banner 命令设置交换机的每日提示信息，参数 motd 指定以哪个字符为信息的结束符 |
| huanying fangwen! | //输入描述信息 |
| & | //以&符号结束，终止输入 |

**步骤5**　查看交换机的系统和配置信息。

| | |
|---|---|
| Switch#show version | //查看交换机的系统信息 |
| Switch#show running-config | //查看交换机当前生效的配置信息，该信息存储在 RAM（随机存储器）中，当交换机断电时，刚刚所做的配置信息就消失了，重新启动时会重新生成新的配置信息 |

## 【任务小结】

（1）安装 Cisco Packet Tracer 6.2 模拟器时，可以把汉化包一起安装。

（2）在输入命令时，请尽量使用 Tab 键把命令补齐。

（3）在配置交换机时，注意向上箭头的使用，其可以把之前输入的命令调出。

# 任务2　交换机的远程登录配置

## 【任务描述】

　　某工程师对公司里的交换机进行了第一次配置后，希望以后可以对设备进行远程管理，这就需要在交换机上进行适当配置。

　　根据需求，需要掌握如何配置交换机的密码，以及如何配置 Telnet，掌握以 Telnet 的方式远程访问交换机。

## 【相关知识】

### 一、交换机管理 IP 地址

交换机 Telnet 配置

　　配置交换机的管理 IP 地址，只有交换机的 IP 地址和计算机的 IP 地址属于同网络段才能访问，重点是为了保证交换机和计算机能够连通。

　　在普通二层交换机上，所有交换机的端口默认属于 vlan 1，给交换机设置管理的 IP 地址时，需要使用命令 interface vlan 1，其中设置 IP 地址的格式为 ip address，配置如下。

```
Switch(config)# interface vlan 1              //默认情况下，交换机的端口都处于 vlan 1 中
Switch(config-if)# ip address 192.168.1.1 255.255.255.0
Switch(config-if)# no shutdown                //开启 vlan 1 的状态
```

### 二、交换机 Telnet 登录

　　Telnet 是 Internet 上远程登录的一种程序，它可以让您的计算机通过网络登录到网络另一端的计算机上，甚至还可以存取那台计算机上的文件。Telnet 协议是 TCP/IP 协议簇中的一员，是 Internet 远程登录服务的标准协议和主要方式。它为用户提供了在本地计算机上完成远程操作主机工作的能力。

　　虚拟终端连接（VTY）线路启用后，并不能直接使用，必须对其进行简单的配置才可以登录。VTY 是一种端口，0 4 表示 0 到 4 号口；5 15 表示 5 到 15 号口。

### 三、交换机的密码设置

　　（1）远程登录密码设置。假设要设置 VTY 0～4 条线路的密码为 jsj 时，则配置命令如下。

```
Switch(config)#line vty 0 4
Switch(config-line)#password    jsj
```

　　（2）特权模式登录密码设置。特权模式是进入交换机的第二个模式，比用户模式拥有更大的操作权限，一般通过对特权模式设置密码，控制对交换机配置文件的更改。所以需要设置登录特权模式的密码。使用 enable password（明文保存）和 enable secret（加密保存）设置如下。

```
Switch(config)#enable secret    加密设置
Switch(config)#enable password  不加密设置
```

## 【任务实施】

　　（1）实训设备。

2 台二层交换机、2 台计算机、1 条配置线、2 条直通线。

　　（2）网络拓扑。

实训的网络拓扑如图 4-4 所示。

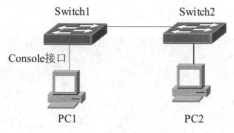

交换机的远程登录配置

图 4-4　实训拓扑图

（3）实施步骤。

**步骤 1**　通过 PC1 的超级终端进入交换机 Switch1，配置主机名和管理 IP 地址。

```
Switch1#configure terminal
Switch1 (config)#hostname Switch1
Switch1 (config)#int vlan 1                                //进入虚拟接口 vlan 1
Switch1 (config-if)#ip address 192.168.1.1 255.255.255.0   //配置交换机的管理 IP 地址
Switch1 (config-if)#no shutdown                            //开启该端口
Switch1 (config-if)#end
```

**步骤 2**　配置交换机 Telnet 远程登录密码。

```
Switch1 (config)# line vty 0 4          //进入虚拟终端
Switch1 (config-line)#password jsj      //配置 Telnet 的密码为 jsj
Switch1 (config-line)#login             //启用 Telnet 的用户名和密码验证
Switch1 (config-line)#exit
```

**步骤 3**　在 Switch1 交换机上配置特权模式密码。

```
Switch1 (config)#enable password   123456   //配置 enable 的密码为 123456
Switch1 (config-line)#login                  //启用密码验证
Switch1 (config-line)#exit
```

**步骤 4**　利用 PC2 远程登录 switch1。

1）首先设置 PC2 的 IP 地址，如图 4-5 所示。

| IP Address | 192.168.1.2 |
|---|---|
| Subnet Mask | 255.255.255.0 |
| Default Gateway | 192.168.1.1 |

图 4-5　PC2 IP 地址设置

2）测试 PC2 和交换机 Switch1 是否连通，如图 4-6 所示。

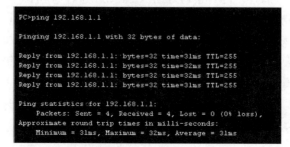

图 4-6　PC2 和交换机测试

3）利用 PC2 登录 Switch1，如图 4-7 所示。

图 4-7　登录交换机

## 【任务小结】

（1）如果没有配置 enable 密码，就不能登录交换机进行配置，只能进入用户模式，无法进入特权模式。

（2）如果没有配置交换机的远程登录密码，就不能远程登录交换机。

# 任务 3　单交换机组建虚拟局域网

## 【任务描述】

某工程师在一家网络公司做网络工程师，现公司有一客户提出要求，该客户公司建立了一小型局域网，包含财务部、销售部和技术部 3 个部门，公司领导要求各部门内部主机有一些业务可以相互访问，但部门之间为了安全完全禁止互访。

根据需求，通过基于端口划分 VLAN 来实现交换机的端口隔离，然后使在同一个 VLAN 里的计算机系统能跨交换机进行相互通信，而在不同 VLAN 中的计算机系统不能相互通信。

## 【相关知识】

### 一、虚拟局域网概念

虚拟局域网

虚拟局域网（Virtual Local Area Network，VLAN）是由一些局域网网段构成的与物理位置无关的逻辑组，而这些网段具有某些共同的需求。虚拟局域网是以局域网交换机为基础，通过交换机软件实现根据功能、部门、应用等将设备或用户组成虚拟工作组或逻辑网段的技术，其最大的优点是在组成逻辑网时无须考虑用户或设备在网络中的位置。

图 4-8 给出了一个关于 VLAN 划分的示例。图中使用了 4 台交换机，有 10 台计算机分布在 3 个楼层中，构成了 3 个局域网，即 LAN1（$A_1$，$B_1$，$C_1$，$A_2$）；LAN2（$A_3$，$B_2$，$C_2$）；LAN3（$A_4$，$B_3$，$C_3$）。

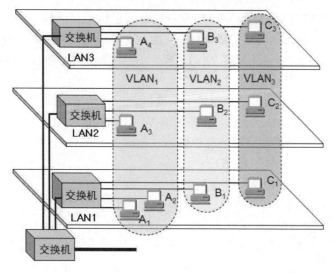

图 4-8　VLAN 划分的示例

但 10 台计算机划分为 3 个工作组，也就是说划分为 3 个 VLAN，即 VLAN1（$A_1$，$A_2$，$A_3$，$A_4$）、VLAN2（$B_1$，$B_2$，$B_3$）、VLAN3（$C_1$，$C_2$，$C_3$）。在 VLAN 上每一台计算机都可以接收到同一 VLAN 中其他成员发出的广播。例如当 $B_1$ 向 VLAN2 工作组内成员发送数据时，工作站 $B_2$ 和 $B_3$ 将会收到广播的信息。$B_1$ 发送数据时，工作站 $A_1$、$A_2$ 和 $C_1$ 不会收到 $B_1$ 发出的广播信息。VLAN 限制了接收广播信息的工作站数，使得网络不会因传播过多广播信息（即"广播风暴"）而引起性能恶化。

## 二、VLAN 优点

采用 VLAN 后，在不增加设备投资的前提下，可在许多方面提高网络性能，并简化网络的管理，具体表现在以下 3 个方面。

（1）有利于优化网络性能。通过将交换机划分到不同的 VLAN 中，一个 VLAN 的广播不会影响到别的 VLAN 的性能。即使属于同一个交换机的相邻端口，只要它们不在同一 VLAN 中，则相互之间也不会渗透广播流量，一个 VLAN 构成一个独立的广播域。

（2）提高网络的安全性。不同 VLAN 内的报文在传输时是相互隔离的，即一个 VLAN 内的用户不能和其他 VLAN 内的用户直接通信，如果不同 VLAN 要进行通信，则需要通过路由器或三层交换机等设备。

（3）便于对网络进行管理和控制。当一个用户需要切换到另外一个网络时，只需要更改交换机的 VLAN 划分即可，而不用换端口和连线。借助 VLAN 技术，能将不同地点、不同网络的用户组合在一起,形成一个虚拟的网络环境,就像使用本地 LAN 一样方便、灵活、有效。

## 三、静态 VLAN 配置

基于端口的 VLAN 属于静态 VLAN 的一种，它是最简单有效的 VLAN 划分方法,它按照局域网交换机端口来定义 VLAN 成员。静态 VLAN 根据交换机端口进行 VLAN 划分，即将一端口分配给一个 VLAN 时，其将一直保持不变直到网络管理员改变这种配置,

VLAN 划分

所以又称基于端口的 VLAN。静态 VLAN 配置简单，但缺乏灵活性，当用户在网络中的位置发生变化时，网络管理员必须对端口重新配置，因此，适合用户或设备位置相对固定的网络环境。大多数交换机最多支持 64 个激活的 VLAN。

（1）配置 VLAN 的 ID 和名字。

配置 VLAN 时，最常见的方法是在每个交换机上手动指定端口——LAN 映射。在全局配置模式下使用 VLAN 命令。vlan-id 是要被添加的 VLAN 的 ID，如果安装的是增强的软件版本，范围为 1～4096，如果安装的是标准的软件版本，范围为 1～1005。每一个 VLAN 都有一个唯一的 4 位数的 ID（范围：0001～1005）。

在全局配置模式下使用 VLAN 命令如下。

```
Switch(config)#vlan vlan-id
Switch(config)#vlan vlan-name
```

其中 vlan-name 是 VLAN 的名字，可以使用 1～32 个 ASCII 字符，但是必须保证这个名称在管理域中是唯一的。

（2）分配端口。

在新创建一个 VLAN 之后，可以为之手工分配一个端口号或多个端口号。一个端口只能属于唯一一个 VLAN。这种为 VLAN 分配端口号的方法称为静态-接入端口。默认情况下，所有的端口都属于 VLAN 1。

在接口配置模式下，分配 VLAN 端口的命令如下。

```
Switch(config-if)#switchport access vlan vlan-id
```

（3）检查静态 VLAN。

在特权模式下，可以检验 VLAN 的配置，常用的命令如下。

```
Switch#show vlan    //显示所有 VLAN 的配置消息
Switch#show inteface interface switchport //显示指定的接口的 VLAN 信息
```

## 【任务实施】

（1）实训设备。

1 台二层交换机、6 条直通线、6 台计算机、1 条反转线。

（2）网络拓扑。

根据需求，网络拓扑图如图 4-9 所示。

单交换机上划分 VLAN

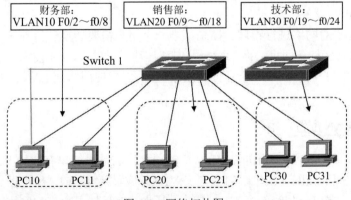

图 4-9　网络拓扑图

（3）实施步骤。

**步骤 1**　硬件连接。

利用 Cisco 模拟器，按照如图 4-9 所示的拓扑图连接起来。

**步骤 2**　配置 PC10、PC11、PC20、PC21、PC30、PC31 的 IP 地址，如表 4-1 所示。

表 4-1　PC 的 IP 地址表

| 设备 | IP 地址 | 子网掩码 |
| --- | --- | --- |
| PC10 | 192.168.10.10 | 255.255.255.0 |
| PC11 | 192.168.10.11 | 255.255.255.0 |
| PC20 | 192.168.10.20 | 255.255.255.0 |
| PC21 | 192.168.10.21 | 255.255.255.0 |
| PC30 | 192.168.10.30 | 255.255.255.0 |
| PC31 | 192.168.10.31 | 255.255.255.0 |

**步骤 3**　分别测试 PC10、PC11、PC20、PC21、PC30、PC31 的连通性，填写表 4-2，连通则填写"通"，不连通则填写"不通"。

表 4-2　连通性测试

| 设备 | PC10 | PC11 | PC20 | PC21 | PC30 | PC31 |
| --- | --- | --- | --- | --- | --- | --- |
| PC10 | / | | | | | |
| PC11 | | / | | | | |
| PC20 | | | / | | | |
| PC21 | | | | / | | |
| PC30 | | | | | / | |
| PC31 | | | | | | / |

**步骤 4**　配置交换机 VLAN。

将 Switch1 和 PC10 通过反转线连接起来，打开 PC10 的超级终端，配置交换机的 VLAN，配置如下。

1）登录交换机并创建 VLAN。

```
Switch1>enable
Switch1#conf t
Switch1(config)#vlan 10
Switch1(config-vlan)#name caiw10
Switch1(config-vlan)#exit
Switch1(config)#vlan 20
Switch1(config-vlan)#name xiaos20
Switch1(config-vlan)#exit
Switch1(config)#vlan 30
Switch1(config-vlan)#name jishu30
```

```
Switch1(config-vlan)#exit
Switch1(config)#
```

2）配置交换机，将端口分配到 VLAN。

```
Switch1#conf t
Switch1(config)#interface range fastEthernet 0/1-8
Switch1(config-if-range)#switchport access vlan 10
Switch1(config-if-range)#exit
Switch1(config)#interface range fastEthcrnet 0/9-18
Switch1(config-if-range)#switchport access vlan 20
Switch1(config-if-range)# exit
Switch1(config)#interface range fastEthernet 0/19-24
Switch1(config-if-range)#switchport access vlan 30
Switch1(config-if-range)# exit
Switch1(config)#exit
Switch1#
```

3）验证配置结果。

```
Switch1#show vlan
VLAN Name                        Status      Ports
-------------------------------------------------------------------------
1     default                    active      Gig1/1, Gig1/2
10    caiw10                     active      Fa0/1, Fa0/2, Fa0/3, Fa0/4
                                             Fa0/5, Fa0/6, Fa0/7, Fa0/8
20    xiaos20                    active      Fa0/9, Fa0/10, Fa0/11, Fa0/12
                                             Fa0/13, Fa0/14, Fa0/15, Fa0/16
                                             Fa0/17, Fa0/18
30    jishu30                    active      Fa0/19, Fa0/20, Fa0/21, Fa0/22
                                             Fa0/23, Fa0/24

1002 fddi-default                act/unsup
1003 token-ring-default          act/unsup
1004 fddinet-default             act/unsup
1005 trnet-default               act/unsup
```

**步骤 5** 项目测试。

1）分别测试 PC10、PC11、PC20、PC21、PC30、PC31 连通性，填写表 4-3，连通则填写"通"，不连通则填写"不通"，完成后和步骤 3 所得结果进行比较。

表 4-3   连通性测试

| 设备 | PC10 | PC11 | PC20 | PC21 | PC30 | PC31 |
|------|------|------|------|------|------|------|
| PC10 | / |  |  |  |  |  |
| PC11 |  | / |  |  |  |  |
| PC20 |  |  | / |  |  |  |
| PC21 |  |  |  | / |  |  |
| PC30 |  |  |  |  | / |  |
| PC31 |  |  |  |  |  | / |

2）重新打开交换机，进行验证测试。

```
Switch#show vlan
Switch#show running-config
```

## 【任务小结】

（1）VLAN 1 属于系统默认的 VLAN，不可以被删除。

（2）删除某个 VLAN 可使用 no 命令，如 switch(config)# no vlan 10。

（3）删除某个 VLAN 时，注意先将属于该 VLAN 的端口加入另一个 VLAN 中（如 VLAN1），再删除 VLAN。

# 任务4　多交换机组建虚拟局域网

## 【任务描述】

需求 1：小王在一家公司网络中心做网络工程师，现公司要求建立一个小型局域网，包括财务部、销售部、技术部 3 个部门，分别位于两座不同的办公楼。在每一座办公楼设置一台交换机，每一座办公楼都有财务部、销售部、技术部 3 个部门。公司领导要求各部门内部的计算机有一些业务可以相互访问，部门之间完全禁止互访。

需求 2：公司领导要求办公室内部计算机可以互相访问，财务部、销售部两个部门内部的计算机只有在同一座楼的可以互相访问，不同楼的计算机不能互相访问，部门之间为了安全完全禁止互访。

根据用户需求 1，至少需要 2 台交换机，分别在 2 台交换机上根据部门划分 3 个相同的 VLAN，并且实现 2 台交换机之间相同 VLAN 的通信。

根据用户需求 2，在完成需求 1 的基础上，让 2 台交换机阻止财务部、销售部两个 VLAN 之间通信，并让两台交换机实现办公室 VLAN 的通信。

## 【相关知识】

### 一、VLAN 数据帧的传输

在虚拟局域网中，数据帧的格式如图 4-10 所示。IEEE 802.1Q 标准定义了 VLAN 的以太网数据帧的格式，VLAN 标记字段的长度是 4 个字节，它唯一地标志这个以太网帧属于哪一个 VLAN。因为用于 VLAN 的以太网帧的首部增加了 4 个字节，所以以太网帧的最大长度从 1518 字节变为 1522 字节。

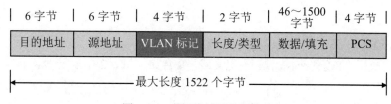

图 4-10　虚拟局域网的帧格式

计算机不支持 tag 域的以太网数据帧，即主机只能发送和接收标准的以太网数据帧，而将 VLAN 数据帧视为非法数据帧，所以支持 VLAN 的交换机在与计算机和交换机通信时，需要区别对待。

图 4-11 中列出了 VLAN 数据帧传输的过程，当交换机接收到某数据帧时，判断该数据帧应该转发到哪些端口，如果是普通计算机，则删除 VLAN 标签后再发送数据帧；如果目标主机是交换机，则将带有 VLAN 标签的数据帧转发出去。

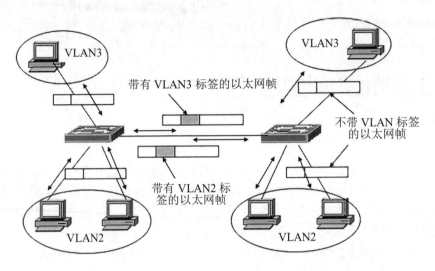

图 4-11　VLAN 数据帧的传输

## 二、交换机端口分类

根据交换机处理数据帧的不同，可以将交换机的端口分为两类。

（1）Access 端口。只能传送标准以太网帧的端口，一般是指那些连接不支持 VLAN 技术的设备的接口，这些端口接收到的数据帧都不包含 VLAN 标签，向外发送数据帧时，必须保证数据帧中不包含 VLAN 标签。

（2）Trunk 端口。既可以传送有 VLAN 标签的数据帧也可以传送标准以太网帧的端口，一般是指那些连接支持 VLAN 技术的网络设备（如交换机）的端口，这些端口接收到的数据帧一般都包含 VLAN 标签（数据帧 VLAN ID 和端口默认 VLAN ID 相同除外），而向外发送数据帧时，必须保证接收端能够区分不同 VLAN 的数据帧，故常常需要添加 VLAN 标签（数据帧 VLAN ID 和端口默认 VLAN ID 相同除外）。

## 【任务实施】

（1）实训设备。

2 台二层交换机、8 条直通线、1 条交叉线、8 台计算机、2 条反转线。

（2）网络拓扑。

根据需求，网络拓扑图如图 4-12 所示。

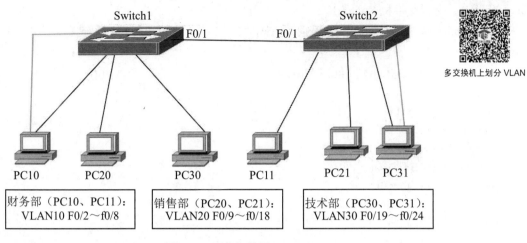

多交换机上划分 VLAN

财务部（PC10、PC11）：
VLAN10 F0/2～f0/8

销售部（PC20、PC21）：
VLAN20 F0/9～f0/18

技术部（PC30、PC31）：
VLAN30 F0/19～f0/24

图 4-12　网络拓扑图

（3）实施步骤。

**步骤 1**　硬件连接

利用 Cisco 模拟器按照如图 4-12 所示的拓扑图连接起来。

**步骤 2**　配置 PC10、PC11、PC20、PC21、PC30、PC31 的 IP 地址，如表 4-4 所示。

表 4-4　PC 的 IP 地址表

| 设备 | IP 地址 | 子网掩码 |
| --- | --- | --- |
| PC10 | 192.168.10.10 | 255.255.255.0 |
| PC11 | 192.168.10.11 | 255.255.255.0 |
| PC20 | 192.168.10.20 | 255.255.255.0 |
| PC21 | 192.168.10.21 | 255.255.255.0 |
| PC30 | 192.168.10.30 | 255.255.255.0 |
| PC31 | 192.168.10.31 | 255.255.255.0 |

**步骤 3**　分别测试 PC10、PC11、PC20、PC21、PC30、PC31 的连通性，填写表 4-5，连通则填写"通"，不连通则填写"不通"。

表 4-5　连通性测试

| 设备 | PC10 | PC11 | PC20 | PC21 | PC30 | PC31 |
| --- | --- | --- | --- | --- | --- | --- |
| PC10 | / | | | | | |
| PC11 | | / | | | | |
| PC20 | | | / | | | |
| PC21 | | | | / | | |
| PC30 | | | | | / | |
| PC31 | | | | | | / |

**步骤 4** 配置交换机 Switch1。

将 Switch1 和 PC10 通过反转线连接起来，打开 PC10 的超级终端，配置交换机的 VLAN，配置如下。

1）登录交换机 Switch1 并创建 VLAN。

```
Switch>enable
Switch#conf t
Switch(config)#hostname Switch1
Switch1(config)#vlan 10
Switch1(config-vlan)#name caiw10
Switch1(config-vlan)#exit
Switch1(config)#vlan 20
Switch1(config-vlan)#name xiaos20
Switch1(config-vlan)#exit
Switch1(config)#vlan 30
Switch1(config-vlan)#name jishu30
Switch1(config-vlan)#exit
Switch1(config)#
```

2）配置交换机，将端口分配到 VLAN。

```
Switch1#conf t
Switch1(config)#interface range fastEthernet 0/2-8
Switch1(config-if-range)#switchport access vlan 10
Switch1(config-if-range)#exit
Switch1(config)#interface range fastEthernet 0/9-18
Switch1(config-if-range)#switchport access vlan 20
Switch1(config-if-range)# exit
Switch1(config)#interface range fastEthernet 0/19-24
Switch1(config-if-range)#switchport access vlan 30
Switch1(config-if-range)# exit
Switch1(config)#exit
Switch1#
```

3）验证配置结果。

```
Switch1#show vlan
VLAN Name                       Status    Ports
---------------------------------------------------------------------
1    default                    active    Fa0/1,Gig1/1, Gig1/2
10   caiw10                     active    Fa0/2, Fa0/3, Fa0/4
                                          Fa0/5, Fa0/6, Fa0/7, Fa0/8
20   xiaos20                    active    Fa0/9, Fa0/10, Fa0/11, Fa0/12
                                          Fa0/13, Fa0/14, Fa0/15, Fa0/16
                                          Fa0/17, Fa0/18
30   jishu30                    active    Fa0/19, Fa0/20, Fa0/21, Fa0/22
                                          Fa0/23, Fa0/24
```

| 1002 fddi-default | act/unsup |
|---|---|
| 1003 token-ring-default | act/unsup |
| 1004 fddinet-default | act/unsup |
| 1005 trnet-default | act/unsup |

4）跨交换机 VLAN 连接。

将交换机 Switch1 和 Switch2 相连的端口 Fa0/1 定义为 Trunk 端口。

```
Switch1#conf t
Switch1(config)#interface fastEthernet 0/1
Switch1(config-if)#switchport mode trunk    //设置该端口为 Trunk 端口
Switch1(config-if)#exit
Switch1(config)#exit
Switch1# show interfaces fastEthernet 0/1 switchport //查看 Fa0/1 端口
```

**步骤 5**　配置交换机 Switch2。

将 Switch2 和 PC11 通过反转线连接起来，打开 PC11 的超级终端，配置交换机的 VLAN，配置如下。

1）登录交换机 Switch2 并创建 VLAN。

```
Switch>enable
Switch#conf t
Switch(config)#hostname Switch2
Switch2 (config)#vlan 10
Switch2(config-vlan)#name caiw10
Switch2(config-vlan)#exit
Switch2(config)#vlan 20
Switch2(config-vlan)#name xiaos20
Switch2(config-vlan)#exit
Switch2(config)#vlan 30
Switch2(config-vlan)#name jishu30
Switch2(config-vlan)#exit
Switch2(config)#
```

2）配置交换机，将端口分配到 VLAN。

```
Switch2#conf t
Switch2(config)#interface range fastEthernet 0/2-8
Switch2(config-if-range)#switchport access vlan 10
Switch2(config-if-range)#exit
Switch2(config)#interface range fastEthernet 0/9-18
Switch2(config-if-range)#switchport access vlan 20
Switch2(config-if-range)# exit
Switch2(config)#interface range fastEthernet 0/19-24
Switch2(config-if-range)#switchport access vlan 30
Switch2(config-if-range)# exit
Switch2(config)#exit
Switch2#
```

3）验证配置结果。

```
Switch2#show vlan
VLAN Name                    Status      Ports
1    default                 active      Fa0/1,Gig1/1, Gig1/2
10   caiw10                  active      Fa0/2, Fa0/3, Fa0/4
                                         Fa0/5, Fa0/6, Fa0/7, Fa0/8
20   xiaos20                 active      Fa0/9, Fa0/10, Fa0/11, Fa0/12
                                         Fa0/13, Fa0/14, Fa0/15, Fa0/16
                                         Fa0/17, Fa0/18
30   jishu30                 active      Fa0/19, Fa0/20, Fa0/21, Fa0/22
                                         Fa0/23, Fa0/24
1002 fddi-default            act/unsup
1003 token-ring-default      act/unsup
1004 fddinet-default         act/unsup
1005 trnet-default           act/unsup
```

4）跨交换机 VLAN 连接。

将交换机 Switch2 和 Switch1 相连的端口 Fa0/1 定义为 Trunk 端口。

```
Switch2#conf t
Switch2(config)#interface fastEthernet 0/1
Switch2(config-if)#switchport mode trunk            //设置该端口为 Trunk 端口
Switch2(config-if)#exit
Switch2(config)#exit
Switch2# show interfaces fastEthernet 0/1 switchport   //查看 Fa0/1 端口
```

**步骤 6**　需求 1 测试。

分别测试 PC10、PC11、PC20、PC21、PC30、PC31 的连通性，填写表 4-6，连通则填写"通"，不连通则填写"不通"，完成后和表 4-5 所得结果进行比较。

表 4-6　连通性测试

| 设备 | PC10 | PC11 | PC20 | PC21 | PC30 | PC31 |
|------|------|------|------|------|------|------|
| PC10 | / | | | | | |
| PC11 | | / | | | | |
| PC20 | | | / | | | |
| PC21 | | | | / | | |
| PC30 | | | | | / | |
| PC31 | | | | | | / |

**步骤 7**　对需求 2 进行如下配置。

1）在交换机 Switch1 的 Fa0/3 端口上接 PC12（192.168.10.12），在交换机 Switch2 的 Fa0/3 端口上接 PC13（192.168.10.13）。

2）在交换机 Switch1 的 Fa0/1 去除 VLAN10、VLAN20，这样在交换机的 Trunk 端口不传送 VLAN10、VLAN20 的数据，VLAN10、VLAN20 中的计算机就不能通信。

```
Switch1(config)#interface fastEthernet 0/1
Switch1(config-if)#switchport mode trunk
Switch1(config-if)#switchport trunk allowed vlan remove 10
Switch1(config-if)#switchport trunk allowed vlan remove 20
Switch1(config-if)#exit
Switch1(config)#exit
Switch1#show interfaces fastEthernet 0/1 switchport
```

3）在交换机 Switch2 的 Fa0/1 去除 VLAN10、VLAN20，这样在交换机的 Trunk 端口不传送 VLAN10、VLAN20 的数据，VLAN10、VLAN20 中的计算机就不能通信。

```
Switch2(config)#interface fastEthernet 0/1
Switch2(config-if)#switchport mode trunk
Switch2(config-if)#switchport trunk allowed vlan remove 10
Switch2(config-if)#switchport trunk allowed vlan remove 20
Switch2(config-if)#exit
Switch2(config)#exit
Switch2#show interfaces fastEthernet 0/1 switchport
```

**步骤 8**　需求 2 测试。

分别测试 PC10、PC11、PC12、PC13、PC20、PC21、PC30、PC31 这 8 台电脑的连通性。填写表 4-7，连通则填写"通"，不连通则填写"不通"，完成后和表 4-6 所得结果进行比较。

表 4-7　连通性测试

| 设备 | PC10 | PC11 | PC12 | PC13 | PC20 | PC21 | PC30 | PC31 |
| --- | --- | --- | --- | --- | --- | --- | --- | --- |
| PC10 | / | | | | | | | |
| PC11 | | / | | | | | | |
| PC12 | | | / | | | | | |
| PC13 | | | | / | | | | |
| PC20 | | | | | / | | | |
| PC21 | | | | | | / | | |
| PC30 | | | | | | | / | |
| PC31 | | | | | | | | / |

【任务小结】

（1）Trunk 接口在默认情况下支持所有 VLAN 的传输。

（2）重启设备命令为 switch#reload。

（3）操作过程中注重团队合作，分工明确，若出现问题，请相互检查对方的命令和配置是否正确。

# 拓展任务

某公司网络拓扑如图 4-13 所示，为该公司划分对应的 VLAN。

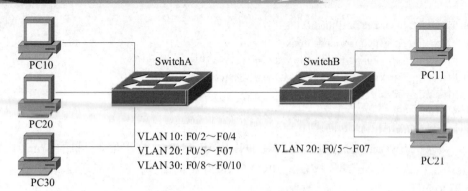

图 4-13　某公司网络拓扑图

配置要求如下。

（1）在 SwitchA 建立 VLAN 10、VLAN 20、VLAN 30，其中 VLAN 分别命名为×××-10、×××-20、×××-30（XXX 为考生姓名拼音）。

（2）配置 PC20、PC30 的 IP 地址，设置如下表所示（其中×为学生序号）。

| 主机 | IP 地址 | 子网掩码 |
| --- | --- | --- |
| PC20 | 192.168.×.20 | 255.255.255.0 |
| PC30 | 192.168.×.30 | 255.255.255.0 |

（3）将 PC11 加入 VLAN 10，将 PC20、PC21 加入 VLAN20，将 PC30 加入 VLAN30，在两台交换机的 F0/1 端口启用 Trunk。

（4）设置交换机 SwitchB 的 IP 地址为 192.168.1.1，特权密码为 HZY，并且配置 Telnent，Telnet 登录密码为×××（×××为考生姓名拼音），从给 PC11 设置合适的 IP 地址，从 PC11 远程登录交换机 SwitchA。

# 课后习题

1．交换机如何学习连接到其端口的网络设备的地址（　　）。
　　A．交换机不能建立地址表
　　B．交换机从路由器得到相应的地址表
　　C．交换机之间交换地址
　　D．交换机检查从端口流入的分组的原地址

2．一个 24 端口的交换机可以产生（　　）个冲突域。
　　A．1　　　　　　B．2　　　　　　C．8　　　　　　D．24

3．一个 VLAN 可以称为（　　）。
　　A．域名　　　　　B．冲突域　　　　C．端口　　　　D．广播域

4．交换机是（　　）。
　　A．工作在第 2 层的多端口的网桥　　　B．工作在第 1 层的多端口的中继器
　　C．工作在第 2 层的多端口的中继器　　D．工作在第 3 层的多端口的中继器

5．对交换机的描述不正确的是（　　　）。

    A．首次配置交换机时，必须采用 Console 接口登录配置

    B．设置了交换机的管理 IP 地址后，就可以使用 Telnet 方式登录交换机并对交换机进行配置

    C．默认情况下，交换机的所有端口都属于 VLAN1

    D．交换机允许同时建立多个 Telnet 登录连接

6．在接口配置模式下的命令提示符是（　　　）。

    A．switch>
                B．switch#

    C．switch(config)#
         D．switch(config-if)#

7．使用 VLAN 的主要目的是隔离（　　　），使用以太网网桥的主要目的是隔离（　　　）。

    A．冲突域，冲突域
         B．广播域，广播域

    C．冲突域，广播域
         D．广播域，冲突域

8．划分 VLAN 的方法有多种，其中不包括（　　　）。

    A．根据端口划分
         B．根据 MAC 地址划分

    C．根据 IP 地址划分
         D．根据路由设备划分

9．Trunk 链路上传输的数据帧一定会被打上（　　　）标记。

    A．IEEE 802.1Q
         B．VLAN

    C．ISL
             D．以上都不是

10．VLAN 之间通信需要的设备是（　　　）。

    A．网桥
             B．路由器

    C．二层交换机
         D．集线器

# 项目 5
# 组建家庭无线局域网

此项目主要针对网络管理员在日常工作中岗位能力的需求，重点培养网络管理员组建无线网络的能力，把组建家庭无线网络和办公无线网络作为设计目标。在掌握能力目标的同时，还需掌握无线网络概念、标准，以及无线路由器的配置过程。

## 任务 1  组建家庭无线局域网

### 【任务描述】

小王最近搬入新家，为了使家中的计算机和手机上网，需要安装家庭无线局域网。根据需求引入宽带，并购置一台无线路由器，通过对无线路由器的配置组建家庭无线局域网。

### 【相关知识】

无线局域网到处可见，不论是家庭、公司、学校、公园、车站、咖啡馆、机场、动物园等，都是无线局域网遍布的地方。

#### 一、无线局域网基础

无线局域网（Wireless Local Area Network，WLAN），指应用无线通信技术将计算机设备互联起来，构成可以互相通信和实现资源共享的网络体系。无线局域网本质的特点是不再使用通信电缆将计算机与网络连接，而是通过无线的方式连接，从而使网的构建和终端的移动更加灵活。无线局域网与我们一般采用交换机或路由器组建的局域网类似，只是采用的是无线技术，它利用射频（Radio Frequency，RF）的技术，取代双绞线、光纤所构成的局域网，使得无线局域网能利用简单的存取架构让用户通过它，达到理想境界。

在信息时代，笔记本电脑、手机和 iPad 等已被我们广泛使用。无线局域网的出现，打破了网络线缆的制约，在实际生活中已经普及。无线局域网的优点主要如下。

（1）灵活性和移动性。在有线网络中，网络设备的安放位置受网络位置的限制，而无线局域网在无线信号覆盖区域内的任何一个位置都可以接入网络。无线局域网另一个最大的优点在于其移动性，连接到无线局域网的用户可以在移动的同时与网络保持连接。

（2）安装便捷。无线局域网可以免去或最大程度地减少网络布线的工作量，一般只要安装一个或多个接入点设备，就可建立覆盖整个区域的局域网络。

（3）易于进行网络规划和调整。对于有线网络来说，办公地点或网络拓扑的改变通常意味着重新建网。重新布线是一个昂贵、费时和琐碎的过程，无线局域网可以避免或减少以上情况的发生。

（4）故障定位容易。有线网络一旦出现物理故障，尤其是由于线路连接不良而造成的网络中断，往往很难查明，而且检修线路需要付出很大的代价。无线网络则很容易定位故障，只需更换故障设备即可恢复网络连接。

（5）易于扩展。无线局域网有多种配置方式，可以很快地从只有几个用户的小型局域网扩展到上千用户的大型网络，并且能够提供节点间“漫游”等有线网络无法实现的特性。

由于无线局域网有以上优点，因此其发展十分迅速。最近几年，无线局域网已经在企业、医院、商店、工厂和学校等场合得到了广泛的应用。

当然，无线局域网也有缺点，主要体现在以下 3 个方面。

（1）性能。无线局域网是依靠无线电波进行传输的。这些电波通过无线发射装置进行发射，而建筑物、车辆、树木和其他障碍物都可能阻碍电磁波的传输，所以会影响网络的性能。

（2）速率。无线信道的传输速率与有线信道相比要低得多。无线局域网的最大传输速率为 1Gb/s，只适合于个人终端和小规模网络应用。

（3）安全性。本质上无线电波不要求建立物理的连接通道，无线信号是发散的。从理论上讲，很容易监听到无线电波广播范围内的任何信号，造成通信信息泄漏。

## 二、无线局域网组网模式

无线局域网可分为两大类：第一类是有固定基础设施的，第二类则是无固定基础设施的。所谓“固定基础设施”是指预先建立起来的、能够覆盖一定地理范围的一批固定基站。大家经常使用的蜂窝移动电话就是利用电信公司预先建立的、覆盖全国的大量固定基站来接通用户手机拨打的电话。

对于第一类有固定基础设施的无线局域网，1997 年 IEEE 制定出无线局域网的协议标准，即 802.11 系列标准，其网络的使用有两种——Ad-Hoc 模式（无线对等模式）和 Infrastructure 模式（基础结构模式）。

（1）Ad-Hoc 模式（无线对等模式）。这种模式下的网络由多个终端和服务器组成，均有无线网卡，通过无线网卡相互通信，能快速建立局域网，实现点对点或点对多点的通信，如图5-1 所示。

（2）Infrastructure 模式（基础结构模式）。Infrastructure 模式包含一个接入点和多个无线终端，每个无线终端与接入点相连，该接入点又可以与其他网络相连，如图 5-2 所示。

图 5-1　Ad-Hoc 模式无线网络

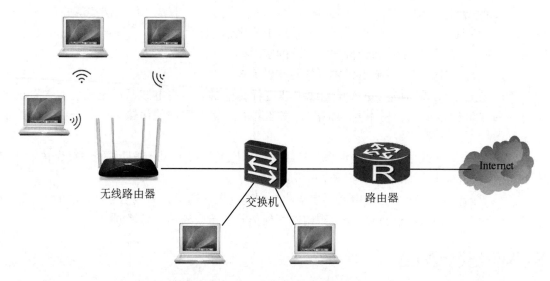

图 5-2　Infrastructure 模式无线网络

通过中心 AP（无线接入点）所形成的局域网就是我们平时所说的 Wi-Fi，在 MAC 层使用 CSMA/CD（多点接入载波监听/碰撞避免）协议。现在，Wi-Fi 几乎成为了无线局域网的同义词。

许多地方，如办公室、机场、快餐店、旅馆、购物中心等都能够向公众提供有偿或无偿接入 Wi-Fi 的服务，这样的地点就叫作热点，也就是公众无线入网点。由许多热点和接入点连接起来的区域叫作热区。

### 三、无线局域网接入设备

在无线局域网中，常见的接入设备主要有无线网卡、无线接入点、无线路由器、天线等。

（1）无线网卡。无线网卡是一种无线终端设备，它不需要连接网线即可实现上网的功能，比如最常见的笔记本、智能手机、平板电脑等品内部都集成有无线网卡。无线网卡根据接口不同，主要有 PCMCIA 无线网卡、MiniPCI 无线网卡、PCI 无线网卡、USB 无线网卡，分别如

图 5-3 至图 5-6 所示,其中 PCMCIA 和 MiniPCI 无线网卡适用于笔记本电脑,PCI 和 USB 无线网卡适用于台式计算机。

图 5-3　PCMCIA 无线网卡

图 5-4　MiniPCI 无线网卡

图 5-5　PCI 无线网卡

图 5-6　USB 无线网卡

（2）无线接入点。无线接入点(Access Point,AP)是一个无线局域网的接入点,俗称"热点"。它是让使用无线设备（手机、笔记本电脑）的用户进入有线网络的接入点,主要用于宽带家庭、大楼内部、校园内部、园区内部以及仓库、工厂等需要无线监控的地方,覆盖距离为几十米至上百米,也可以用于远距离传送,最远的可以达到 30km 左右,主要技术标准为 IEEE802.11 系列。室内无线 AP 和室外无线 AP 如图 5-7 和图 5-8 所示。

图 5-7　室外无线 AP

图 5-8　室内无线 AP

一般无线接入点的作用有两个:首先,作为无线局域网的中心点,供其他装有无线网卡的计算机通过它接入该无线局域网;其次,通过对有线局域网提供长距离无线连接,或对小型无线局域网提供长距离有线连接，从而达到延伸网络范围的目的。

当无线局域网用户足够多时，应当在有线网络中接入一个无线 AP，从而将无线局域网连接至有线网络主干。AP 在无线工作站和有线主干之间起网桥的作用，实现了无线与有线的无缝集成。AP 既允许无线工作站访问网络资源，同时又为有线网络增加了可用资源。

（3）无线路由器。无线路由器（Wireless Router）是用于用户上网，带有无线覆盖功能的路由器。它具备无线 AP 的所有功能，还支持DHCP客户端、VPN、防火墙、WEP 加密等功能。而且包括了网络地址转换（NAT）功能，可支持局域网用户的网络连接共享，可实现家庭无线网络中的 Internet 连接共享，实现 ADSL、Cable Modem 和小区宽带的无线共享接入，如图 5-9 所示。

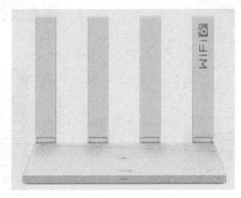

图 5-9　无线路由器

无线接入点和无线路由器的区别主要有以下 3 点。

首先，功能不同。无线 AP 的功能是把有线网络转换为无线网络，是无线网和有线网之间沟通的桥梁。其信号范围为球形，搭建的时候最好放到比较高的地方，可以增加覆盖范围，无线 AP 也就是一个无线交换机，接入有线交换机或路由器，接入的无线终端和原来的网络属于同一个子网。而无线路由器是一个带路由功能的无线 AP，接入 ADSL 宽带线路，通过路由器功能实现自动拨号接入网络，并通过无线功能，建立一个独立的无线家庭局域网。

其次，应用不同。无线 AP 应用于大型公司比较多，大型公司需要大量的无线访问节点实现大面积的网络覆盖，同时所有接入终端都属于同一个网络，也方便公司网络管理员简单地实现网络控制和管理。而无线路由器一般应用于家庭和 SOHO 环境网络，这种情况一般覆盖面积不大，使用用户不多。无线路由器可以实现 ADSL 网络的接入，比起买一个路由器加一个无线 AP，无线路由器是一个更为实惠和方便的选择。

最后，连接方式不同。无线 AP 不能与 ADSL Modem 相连，要用一个交换机或集线器或者路由器作为中介。而无线路由器带有宽带拨号功能，可以直接和 ADSL Modem 相连，拨号上网，实现无线覆盖。

（4）天线。当计算机与无线 AP 或其他计算机相距较远时，或者根本无法实现与 AP 或其他计算机之间通信，此时，就必须借助于无线天线对所接收或发送的信号进行增益（放大），所以天线就是无线信号的放大器。

无线天线有多种类型，不过常见的有两种，一种是室内天线，优点是方便灵活，缺点是增益小，传输距离短；另一种是室外天线。室外天线的类型比较多，一种是锅状的定向天线，一种是棒状的全向天线。室外天线的优点是传输距离远，比较适合远距离传输。

定向天线是指在某一个或某几个特定方向上发射及接收的电磁波特别强，而在其他的方向上发射及接收的电磁波则为零或极小的一种天线。采用定向发射天线的目的是增加辐射功率的有效利用率，增加保密性；采用定向接收天线的主要目的是增强信号强度增加抗干扰能力，如图 5-10 所示。

全向天线，即在水平方向图上表现为 360°均匀辐射，也就是平常所说的无方向性，在垂直方向图上表现为有一定宽度的波束，一般情况下波瓣宽度越小，增益越大。全向天线在移动通信系统中一般应用于郊县大区制的站型，覆盖范围大，如图 5-11 所示。

图 5-10　定向天线

图 5-11　全向天线

## 【任务实施】

（1）实训设备。

1 台无线路由器、2 台笔记本电脑、1 根网线、1 台平板电脑和手机若干。

（2）网络拓扑。

实训拓扑如图 5-12 所示。

图 5-12　实训拓扑图

（3）实施步骤。

此任务选取的无线路由器为华为 WS5108 路由器，如图 5-13 所示，其他品牌的无线路由器配置与此路由器类似。

图 5-13　华为 WS5108 路由器

这里有两种设置方法：①华为 APP 设置上网；②手机浏览器设置。

**步骤 1**　正确连接路由器。

准备一根网线，一头插在路由器上的 WAN 接口，另一头插在调制解调器的 LAN 接口（网口）。如果家里的宽带没有用到调制解调器，则需要把宽带运营商提供的入户网线插在路由器的 WAN 接口。再准备一根网线用来连接计算机与路由器的 LAN1、LAN2、LAN3、LAN4 中的任意一个。

**步骤 2**　手机连接路由器信号。

手机设置路由器时，最重要的一个步骤是，手机需要连接到路由器的无线（Wi-Fi）信号。新买的或者是恢复出厂设置后的华为路由器，在接通电源后，会发射一个默认的 Wi-Fi 信号；手机连接到默认的 Wi-Fi 信号，其中默认的 Wi-Fi 名称可以在路由器底部标贴中查看到，如图 5-14 所示，并且默认的 Wi-Fi 信号没有密码，手机可以直接连接，连接路由器的默认 Wi-Fi 信号后，暂时不能上网。

图 5-14　默认的 Wi-Fi 信号

**步骤 3**　手机设置路由器上网。

当手机连接华为 WS5108 的 Wi-Fi 信号后，点击如图 5-15 所示的可用 WLAN 列表中的 HUAWEI—BMMQ7D 时，手机会自动打开浏览器并出现如图 5-16 所示的开始配置界面，此时需要勾选"我已阅读并同意最终用户许可协议和关于华为智能路由器与隐私的声明"，点击"开始配置"。

在配置路由器时，上网向导界面有 3 种上网连接类型可供选择，如图 5-17 所示。

1）如果检测到上网方式是"宽带账号上网"，需要在页面中填写宽带账号、宽带密码，点击"下一步"即可，如图 5-18 所示，或者从旧路由器获取宽带账号和密码，此时需要一根网线连接旧路由器的 WAN 口和新路由器的 LAN 口。

图 5-15　可用 WLAN 列表

图 5-16　勾选用户同意协议

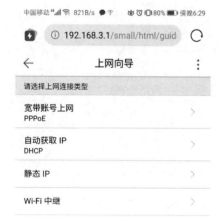

图 5-17　选择上网连接类型

图 5-18　宽带账号上网

2）如果检测到上网方式是"自动获取 IP"，则不需要设置任何的上网参数，系统会自动进入无线参数的设置页面。

3）如果检测到上网方式是"静态 IP"，需要在页面中填写所使用网络的静态 IP 地址、子网掩码、默认网关、首选 DNS 服务器、备用 DNS 服务器，如图 5-19 所示。

**步骤4** 设置 Wi-Fi 名称、Wi-Fi 密码。

前面的三种类型根据需要配置好后，在接下来的页面中，自定义设置 Wi-Fi 名称和密码，如图 5-20 所示。Wi-Fi 密码建议用大写字母+小写字母+数字+符号的组合来设置，并且密码长度要大于 8 位；Wi-Fi 名称建议用字母、数字或者字母与数字的组合进行设置；系统默认勾选了"将 Wi-Fi 密码作为路由器管理密码"这个选项，即系统会把 Wi-Fi 密码，自动配置为登录密码，以后可以用 Wi-Fi 密码登录路由器的设置界面，点击"下一步"。

图 5-19　静态 IP 上网　　　　图 5-20　设置 Wi-Fi 名称和密码

**步骤5** Wi-Fi 功率模式。

Wi-Fi 功率模式建议选择"Wi-Fi 穿墙模式"，这样 Wi-Fi 信号覆盖会好一些，同时建议把"恢复出厂保留关键配置"开关打开，以后重新配置路由器时，路由器会自动填写网络配置信息，如图 5-21 所示，点击"下一步"。

**步骤6** 重启路由器。

进入配置完成界面，系统会自动保存前面设置的网络参数，并自动重启，重启完成后，就可以上网了，如图 5-22 所示。

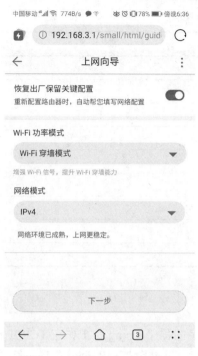

图 5-21　设置 Wi-Fi 功率模式

图 5-22　配置好的 WLAN 可用列表

## 【任务小结】

（1）手机或计算机配置路由器的时候不需要上网，只要连接到路由器 LAN1、LAN2、LAN3、LAN4 口中的任意一个，就能够进入路由器设置界面进行设置。

（2）选择上网连接类型时，一定要了解所处的网络情况，如果路由器所在网络是静态分配的 IP，请确保静态 IP 地址、子网掩码、默认网关、DNS 服务器设置正确，才能实现上网。

# 任务 2　使用常用网络命令

## 【任务描述】

小王家组建了家庭无线局域网，并接入互联网，现家里网络不通，如何诊断网络？

## 【相关知识】

### 一、ipconfig 命令

ipconfig 命令用来显示当前所有的 TCP/IP 网络配置值（如 IP 地址、网关、子网掩码），动态主机配置协议（DHCP）和域名系统（DNS）设置。

语法格式：ipconfig [/all] [/renew[adapter]] [/release ] [/flushdns] [/displaydns] [/registerdns] [/showclassid] [/setclassid]，常用详细语法含义如表 5-1 所示。

表 5-1 ipconfig 常用语法

| 选项 | 含义 |
| --- | --- |
| /all | 显示本机 TCP/IP 配置的详细信息 |
| /renew | DHCP 客户端手动向服务器刷新请求 |
| /release | DHCP 客户端手动释放 IP 地址 |
| /flushdns | 清除本地 DNS 缓存内容 |
| /displaydns | 显示本地 DNS 内容 |
| /registerdns | DNS 客户端手动向服务器进行注册 |
| /showclassid | 显示网络适配器的 DHCP 类别信息 |
| /setclassid | 设置网络适配器的 DHCP 类别 |
| /? | 在命令提示符下显示帮助 |

## 二、ping 命令

ping 是一种因特网包探索器，用于测试网络连接量的程序。ping 是工作在 TCP/IP 网络体系结构中应用层的一个服务命令，主要是向特定的目的主机发送 ICMP Echo请求报文，测试目的站是否可达及了解其有关状态。

通过执行 ping 命令主要可获得如下信息。

（1）监测网络的连通性，检验与远程计算机或本地计算机的连接。

（2）确定是否有数据报被丢失、复制或重传。ping 在所发送的数据报中设置唯一的序列号（Sequence Number），以此检查其接收到的应答报文的序列号。

（3）ping 在其所发送的数据报中设置时间戳（Timestamp），根据返回的时间戳信息可以计算数据报交换的时间，即 RTT（Round Trip Time）。

（4）ping 校验每一个收到的数据报，据此可以确定数据报是否损坏。

语法格式：ping [-t] [-a] [-n count] [-l size] [-f] [-i TTL] [-v TOS] [-r count] [-s count] [[-j host-list] | [-k host-list]] [-w timeout] destination_ip_adddr，常用详细语法含义如表 5-2 所示。

表 5-2 ping 常用语法

| 选项 | 含义 |
| --- | --- |
| -t | 不停地 ping 目的主机，直到手动停止（按 Ctrl+C 组合键） |
| -a | 将 IP 地址解析为计算机主机名 |
| -n count | 发送回送请求 ICMP 报文的次数（默认值为 4） |
| -l size | 定义 Echo 数据报大小（默认值为 32Byte） |
| -f | 在数据报中不允许分片（默认为允许分片） |
| -i TTL | 指定生存周期 |
| -v TOS | 指定要求的服务类型 |
| -r count | 记录路由 |

续表

| 选项 | 含义 |
|---|---|
| -s count | 使用时间戳选项 |
| -w timeout | 指定超时间隔，单位为毫秒 |
| /? | 在命令提示符下显示帮助 |

计算机打不开任何网页，可通过下面的 6 个步骤来诊断故障的位置，并采取相应的解决措施。

（1）ping 127.0.0.1：如果能 ping 成功，说明 TCP/IP 已正确安装；否则，则表示TCP/IP 的安装或运行存在问题。其中 127.0.0.1 是回送地址，它永远回送到本机。

（2）ping 本机 IP 地址：如果 ping 成功，说明本机 IP 地址配置正确，并且网卡工作正常；否则，表示本地配置或安装存在问题。

（3）ping 局域网内其他 IP：如果 ping 成功，表明本地网络中的网卡和载体运行正确；否则，表示子网掩码不正确或网卡配置错误或电缆系统有问题.

（4）ping 网关 IP：如果 ping 成功，表示局域网中的网关路由器正在运行并能够作出应答；否则，说明本机到网关之间的物理线路是不连通的。

（5）ping 远程 IP：如果 ping 成功，表示本机能访问 Internet，但不能排除 DNS 是否有问题。

（6）ping www.baidu.com：如果能 ping 成功，说明 DNS 服务器工作正常，能把网址（www.baidu.com）正确解析为 IP 地址；否则，说明主机的 DNS 未设置或设置有误等。

在物理链路连通和路由设置正确的情况下，使用 ping 命令仍然 ping 不通，可能有以下几个问题。

（1）网线刚插到交换机上就 ping 通网关，忽略了生成树的收敛时间。当然，较新的交换机都支持快速生成树，或者有的管理员干脆把用户端口（Access port）的生成树协议关掉，问题就解决了。

（2）不管中间经过了多少个节点，只要有节点（包括端节点）对 ICMP 报文进行了过滤，ping 不通是正常的，最常见的就是防火墙的行为。

（3）某些路由器端口不允许用户使用 ping 命令。

（4）网络因设备间的超时，造成ICMP报文无法在默认时间（2 秒）内收到。超时的原因有：主机没有足够的时间和资源来响应；路径太长，没到达目的地时TTL的值已为 0，最后一个路由器将发回 ICMP 超时信息；使用扩展 ping，增加应答等待时间间隔等。

（5）引入 NAT（网络地址转换）的场合会造成单向 ping 通。NAT 可以起到隐蔽内部地址的作用，当由内 ping 外时，可以 ping 通是因为 NAT 表的映射关系存在，当由外 ping 内网主机时，就无从查找边界路由器的 NAT 访问列表了。

## 三、tracert 命令

tracert（跟踪路由）是路由跟踪实用程序，用于获得 IP 数据报访问目标时从本地计算机到目的主机的路径信息。

tracert 通过发送数据报到目的设备并直到应答，通过应答报文得到路径和时延信息。一条路径上的每个设备 tracert 要测 3 次，输出结果中包括每次测试的时间（ms）和设备的名称或 IP 地址。

语法格式：tracert [-d] [-h MaximumHops] [-j HostList] [-w Timeout] [-R] [-S SrcAddr] [-4][-6] TargetName，常用详细语法含义如表 5-3 所示。

表 5-3　tracert 常用语法

| 选项 | 含义 |
|------|------|
| -d | 不将地址解析为主机名 |
| -h MaximumHops | 搜索目标的最大跃点数，默认值为 30 个跃点 |
| -j HostList | 与主机列表一起的松散源路由，仅适用于 IPv4 |
| -w Timeout | 等待每个回复的超时时间，默认的超时时间为 4000（4 秒） |
| -R | 跟踪往返行程路径，仅适用于IPv6 |
| -S SrcAddr | SrcAddr 要使用的源地址，仅适用于 IPv6 |
| -4 | 只能将 IPv4 用于本跟踪 |
| -6 | 只能将 IPv6 用于本跟踪 |
| TargetName | 目标主机的名称或 IP 地址 |
| -? | 在命令提示符下显示帮助 |

## 四、netstat 命令

netstat 命令可以显示当前活动的 TCP 连接、计算机侦听的端口、以太网统计信息、IP 路由表、IPv4 统计信息（IP、ICMP、TCP 和 UDP）以及 IPv6 统计信息（IPv6、ICMPv6、通过 IPv6 的 TCP 以及通过 IPv6 的 UDP）。它是一个监控 TCP/IP 网络的非常有用的工具，用于检验本机各端口的网络连接情况。

语法格式：netstat[-a] [-b] [-s] [-e] [-n] [-r] [-p] [interval]，常用详细语法含义如表 5-4 所示。

表 5-4　netstat 常用语法

| 选项 | 含义 |
|------|------|
| -a | 显示所有 socket，包括正在监听的 |
| -b | 显示在创建每个连接或侦听端口时涉及的可执行程序 |
| -s | 显示每个协议的统计信息 |
| -e | 显示以太网统计，此选项可以与 -s 选项结合使用 |
| -n | 以数字形式显示地址和端口号 |
| -r | 显示核心路由表 |
| -p | 显示协议名，查看某协议使用情况 |
| interval | 重新显示选定的统计信息，各个显示间暂停的间隔秒数 |

## 五、arp 命令

arp 命令用于显示和修改"地址解析协议（ARP）"缓存中的项目。ARP 缓存中包含一个或多个表，它们用于存储 IP 地址及其经过解析的以太网或令牌环物理地址。计算机上安装的每一个以太网或令牌环网络适配器都有自己单独的表。如果在没有参数的情况下使用，则 arp 命令将显示帮助信息。

arp 原理：主机 A 要向主机 B 发送报文时，会查询本地的 ARP 缓存表，找到主机 B 的 IP 地址对应的 MAC 地址后就会进行数据传输。如果未找到，则主机 A 广播一个 ARP 请求报文（携带主机 A 的 IP 地址和物理地址），请求 IP 地址为 B 的主机回答物理地址。网络中所有主机包括主机 B 都收到 ARP 请求，但只有主机 B 识别自己的 IP 地址，于是向主机 A 发送一个 ARP 响应报文。其中就包含主机 B 的 MAC 地址，主机 A 接收到主机 B 的应答后，就会更新主机 A 本地的 ARP 缓存。接着就会使用这个 MAC 地址发送数据。因此，本地高速缓存的这个 ARP 表是本地网络流通的基础，而且是动态的。

ARP 表：为了加快通信的速度，最近常用的 MAC 地址与 IP 地址的转换不用依靠交换机来进行，而是在本机上建立一个用来记录常用主机 IP-MAC 映射表，即 ARP 表。

语法格式：arp [-a][-g] [-a IP][-d IP] [-s IP MAC]，常用详细语法含义如表 5-5 所示。

表 5-5　arp 常用语法

| 选项 | 含义 |
| --- | --- |
| -a 或-g | 用于查看高速缓存中的所有项目。-g 参数一直是 UNIX 平台上用来显示 ARP 高速缓存中所有项目的选项，而 Windows 用的是 arp -a（-a 可被视为 all，即全部的意思） |
| -a IP | 如果有多个网卡，那么使用 arp -a 加上接口的 IP 地址，就可以只显示与该接口相关的 ARP 缓存项目 |
| -d IP | 人工删除一个静态项目 |
| -s IP MAC | 可以向 ARP 高速缓存中人工输入一个静态项目 |

【任务实施】

（1）实训设备。

连网的计算机 1 台。

（2）实训步骤。

以下命令在 Windows 命令提示符下运行。

**步骤 1**　显示 TCP/IP 基本配置信息，如图 5-23 所示。

网络命令的使用

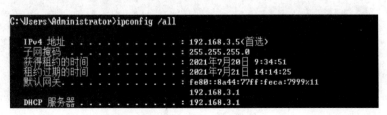

图 5-23　显示 TCP/TP 配置信息

**步骤 2**　测试本机 TCP/IP 是否正确安装，如图 5-24 所示；测试本机 IP（192.168.3.5）地址是否正确配置或者网卡是否正常工作，如图 5-25 所示；测试与网关（192.168.3.1）之间的连通性，如图 5-26 所示；测试能否访问 Internet，如图 5-27 所示。以上测试都能 ping 成功，说明网络连接正常。

```
C:\Users\Administrator>ping 127.0.0.1

正在 Ping 127.0.0.1 具有 32 字节的数据:
来自 127.0.0.1 的回复: 字节-32 时间<1ms TTL=128
来自 127.0.0.1 的回复: 字节=32 时间<1ms TTL=128
来自 127.0.0.1 的回复: 字节=32 时间<1ms TTL=128
来自 127.0.0.1 的回复: 字节=32 时间<1ms TTL=128

127.0.0.1 的 Ping 统计信息:
    数据包: 已发送 = 4, 已接收 = 4, 丢失 = 0 (0% 丢失),
往返行程的估计时间(以毫秒为单位):
    最短 = 0ms, 最长 = 0ms, 平均 = 0ms
```

图 5-24　ping 回送地址

```
C:\Users\Administrator>ping 192.168.3.5

正在 Ping 192.168.3.5 具有 32 字节的数据:
来自 192.168.3.5 的回复: 字节=32 时间<1ms TTL=128
来自 192.168.3.5 的回复: 字节=32 时间<1ms TTL=128
来自 192.168.3.5 的回复: 字节=32 时间<1ms TTL=128
来自 192.168.3.5 的回复: 字节=32 时间<1ms TTL=128

192.168.3.5 的 Ping 统计信息:
    数据包: 已发送 = 4, 已接收 = 4, 丢失 = 0 (0% 丢失),
往返行程的估计时间(以毫秒为单位):
    最短 = 0ms, 最长 = 0ms, 平均 = 0ms
```

图 5-25　ping 本机 IP

```
C:\Users\Administrator>ping 192.168.3.1

正在 Ping 192.168.3.1 具有 32 字节的数据:
来自 192.168.3.1 的回复: 字节=32 时间=2ms TTL=64
来自 192.168.3.1 的回复: 字节=32 时间=3ms TTL=64
来自 192.168.3.1 的回复: 字节=32 时间=2ms TTL=64
来自 192.168.3.1 的回复: 字节=32 时间=3ms TTL=64

192.168.3.1 的 Ping 统计信息:
    数据包: 已发送 = 4, 已接收 = 4, 丢失 = 0 (0% 丢失),
往返行程的估计时间(以毫秒为单位):
    最短 = 2ms, 最长 = 3ms, 平均 = 2ms
```

图 5-26　ping 网关 IP

```
C:\Users\Administrator>ping www.baidu.com

正在 Ping www.a.shifen.com [183.232.231.174] 具有 32 字节的数据:
来自 183.232.231.174 的回复: 字节=32 时间=23ms TTL=57
来自 183.232.231.174 的回复: 字节=32 时间=22ms TTL=57
来自 183.232.231.174 的回复: 字节=32 时间=22ms TTL=57
来自 183.232.231.174 的回复: 字节=32 时间=23ms TTL=57

183.232.231.174 的 Ping 统计信息:
    数据包: 已发送 = 4, 已接收 = 4, 丢失 = 0 (0% 丢失),
往返行程的估计时间(以毫秒为单位):
    最短 = 22ms, 最长 = 23ms, 平均 = 22ms
```

图 5-27　ping 百度域名

**步骤 3**　跟踪名为 www.baidu.com 的主机的路径，并防止将每个 IP 地址解析为它的名称，跟踪结果如图 5-28 所示。

```
C:\Users\Administrator>tracert -d www.baidu.com

通过最多 30 个跃点跟踪
到 www.a.shifen.com [183.232.231.174] 的路由:

  1    1 ms    2 ms    2 ms  192.168.3.1
  2   13 ms    7 ms    7 ms  172.20.0.1
  3    9 ms    8 ms    7 ms  183.233.22.97
  4   21 ms   33 ms   23 ms  211.139.157.57
  5    *       *       *     请求超时。
  6   22 ms   23 ms   25 ms  120.241.48.190
  7    *       *       *     请求超时。
  8   22 ms   21 ms   23 ms  183.232.231.174

跟踪完成。
```

图 5-28　tracert 跟踪主机路径

**步骤 4**　显示所有活动的 TCP 连接以及计算机侦听的 TCP 和 UDP 端口，结果如图 5-29 所示；显示以太网统计信息，如图 5-30 所示。

```
C:\Users\Administrator>netstat -a

活动连接

  协议  本地地址              外部地址              状态
  TCP   0.0.0.0:135          NPZ7QZ79YCFTAGR:0     LISTENING
  TCP   0.0.0.0:445          NPZ7QZ79YCFTAGR:0     LISTENING
  TCP   0.0.0.0:5357         NPZ7QZ79YCFTAGR:0     LISTENING
  TCP   0.0.0.0:17900        NPZ7QZ79YCFTAGR:0     LISTENING
  TCP   0.0.0.0:49152        NPZ7QZ79YCFTAGR:0     LISTENING
  TCP   0.0.0.0:49153        NPZ7QZ79YCFTAGR:0     LISTENING
  TCP   0.0.0.0:49154        NPZ7QZ79YCFTAGR:0     LISTENING
  TCP   0.0.0.0:49155        NPZ7QZ79YCFTAGR:0     LISTENING
  TCP   0.0.0.0:49174        NPZ7QZ79YCFTAGR:0     LISTENING
  TCP   127.0.0.1:10000      NPZ7QZ79YCFTAGR:0     LISTENING
  TCP   127.0.0.1:33609      NPZ7QZ79YCFTAGR:0     LISTENING
  TCP   127.0.0.1:54360      NPZ7QZ79YCFTAGR:0     LISTENING
  TCP   127.0.0.1:54530      NPZ7QZ79YCFTAGR:0     LISTENING
  TCP   127.0.0.1:54530      NPZ7QZ79YCFTAGR:56220 ESTABLISHED
  TCP   127.0.0.1:56220      NPZ7QZ79YCFTAGR:54530 ESTABLISHED
  TCP   127.0.0.1:56221      NPZ7QZ79YCFTAGR:56222 ESTABLISHED
  TCP   127.0.0.1:56222      NPZ7QZ79YCFTAGR:56221 ESTABLISHED
  TCP   192.168.3.5:139      NPZ7QZ79YCFTAGR:0     LISTENING
```

图 5-29　显示所有的 TCP 和 UDP 端口

```
C:\Users\Administrator>netstat -s

IPv4 统计信息

  接收的数据包                = 93435
  接收的标头错误              = 1
  接收的地址错误              = 72
  转发的数据报                = 0
  接收的未知协议              = 1
  丢弃的接收数据包            = 8735
  传送的接收数据包            = 97460
  输出请求                    = 107324
  路由丢弃                    = 0
  丢弃的输出数据包            = 39
  输出数据包无路由            = 3
  需要重新组合                = 3
  重新组合成功                = 1
  重新组合失败                = 0
  数据报分段成功   = 0
  数据报分段失败   = 0
  分段已创建                  = 0
```

图 5-30　以太网统计信息

**步骤 5**　显示高速缓存中的 ARP 表，如图 5-31 所示；添加 ARP 静态表项，如图 5-32 所示；删除添加的 ARP 表项，如图 5-33 所示。

```
C:\Users\Administrator>arp -a

接口: 192.168.3.5 --- 0xb
  Internet 地址         物理地址              类型
  192.168.3.1           88-44-77-ca-79-99     动态
  192.168.3.102         78-11-dc-3d-02-4e     动态
  192.168.3.255         ff-ff-ff-ff-ff-ff     静态
  224.0.0.22            01-00-5e-00-00-16     静态
  224.0.0.251           01-00-5e-00-00-fb     静态
  224.0.0.252           01-00-5e-00-00-fc     静态
  239.11.20.1           01-00-5e-0b-14-01     静态
  239.255.255.250       01-00-5e-7f-ff-fa     静态
  255.255.255.255       ff-ff-ff-ff-ff-ff     静态
```

图 5-31　显示 ARP 表

```
C:\Users\Administrator>arp -s 1.1.1.1 88-44-77-ca-79-99

C:\Users\Administrator>arp -a

接口: 192.168.3.5 --- 0xb
  Internet 地址         物理地址              类型
  1.1.1.1               88-44-77-ca-79-99     静态
  192.168.3.1           88-44-77-ca-79-99     动态
  192.168.3.102         78-11-dc-3d-02-4e     动态
  192.168.3.255         ff-ff-ff-ff-ff-ff     静态
  224.0.0.22            01-00-5e-00-00-16     静态
  224.0.0.251           01-00-5e-00-00-fb     静态
  224.0.0.252           01-00-5e-00-00-fc     静态
  239.11.20.1           01-00-5e-0b-14-01     静态
  239.255.255.250       01-00-5e-7f-ff-fa     静态
  255.255.255.255       ff-ff-ff-ff-ff-ff     静态
```

图 5-32　添加 ARP 静态表项

```
C:\Users\Administrator>arp -d 1.1.1.1

C:\Users\Administrator>arp -a

接口: 192.168.3.5 --- 0xb
  Internet 地址         物理地址              类型
  192.168.3.1           88-44-77-ca-79-99     动态
  192.168.3.102         78-11-dc-3d-02-4e     动态
  192.168.3.255         ff-ff-ff-ff-ff-ff     静态
  224.0.0.22            01-00-5e-00-00-16     静态
  224.0.0.251           01-00-5e-00-00-fb     静态
  224.0.0.252           01-00-5e-00-00-fc     静态
  239.11.20.1           01-00-5e-0b-14-01     静态
  239.255.255.250       01-00-5e-7f-ff-fa     静态
  255.255.255.255       ff-ff-ff-ff-ff-ff     静态
```

图 5-33　删除 ARP 静态表项



【任务小结】

（1）使用命令时，注意命令的输入格式。

（2）通过使用命令，判断网络中的故障并解决。

## 拓展任务

组建家庭无线局域网，并实现家庭网络互联互通，使计算机、手机、iPad 等设备与网络连接。

# 课后习题

1．在设计点对点模式的小型无线局域网时，应选用的无线局域网设备是（　　）。

   A．无线网卡                  B．无线接入点

   C．无线网桥                  D．无线路由器

2．以下关于无线局域网硬件设备特征的描述中，（　　）是错误的。

   A．无线网卡是无线局域网中最基本的硬件

   B．无线接入点的基本功能是集合无线或者有线终端，其作用类似于有线局域网中的集线器和交换机

   C．无线接入点可以增加更多功能，不需要无线网桥、无线路由器和无线网关

   D．无线路由器和无线网关是具有路由功能的 AP，一般情况下它具有 NAT 功能

3．在设计一个要求具有 NAT 功能的小型无线局域网时，应选用的无线局域网设备是（　　）。

   A．无线网卡                  B．无线接入点

   C．无线网桥                  D．无线路由器

4．无线局域网采用直接序列扩频接入技术，使用户可以在（　　）GHz 的 ISM 频段上进行无线 Internet 连接。

   A．2.0         B．2.4         C．2.5         D．5.0

5．无线网络相对于有线网络的主要优点是（　　）。

   A．可移动性                 B．传输速度快

   C．安全性高                 D．抗干扰性强

6．WLAN 的通信主要采用（　　）标准。

   A．IEEE 802.2    B．IEEE 802.3    C．IEEE 802.11    D．IEEE 802.16

7．WLAN 上的两个设备之间使用的标识码为（　　）。

   A．BBS        B．ESS         C．SSID        D．NID

8．WLAN 常用的传输介质为（　　）。

   A．广播无线电波    B．红外线        C．地面微波        D．激光

9．以下不属于无线网络面临的问题是（　　）。

   A．无线信号传输易受干扰        B．无线网络产品标准不统一

   C．无线网络的市场占有率低     D．无线网络的安全性问题

10．一个学生在自习室使用无线连接到他的试验合作者的笔记本电脑上，他使用的模式是（　　）。

   A．Ad-Hoc        B．基础架构        C．固定基站        D．漫游

# 项目 6
# 连接公司局域网

此项目主要针对网络管理员在日常工作中岗位能力的需求，重点培养网络管理员配置网络的基本能力，能实现多个局域网互联。在培养能力的同时，还需要掌握路由器的工作原理、基本配置，掌握 RIP 和 OSPF 协议等。

## 任务 1　配置路由器

### 【任务描述】

随着公司业务的拓展，公司新租用了一座办公楼，并组建了局域网，需要把新老两座办公楼的网络连接起来，实现公司内部网络的互联互通。

根据需求，需要购置一台路由器，通过对路由器的配置实现互通的功能。

### 【相关知识】

### 一、路由器概述

路由器工作原理

在错综复杂的网络世界里，将数据从源地址发送到目的地址，并不是一件容易的事情，而将数据从源头有效地传递到目的地的整个过程称为路由。就好比从家去公司上班，发现道路上交通堵塞，这时你会根据交通情况和路况信息或者借助于导航选择最便捷的路径到公司。

与导航类似，数据报传送路径是路由器根据网络状态作出的逻辑数据决策。路由器是 OSI 参考模型第 3 层网络层经常使用的设备之一，每个端口连接不同网络，形成互联网络。路由器不但能实现不同 IP 网络主机之间的相互访问，还能实现不同通信协议网络主机间的相互访问，不转发广播数据报。

## 二、路由器操作系统

路由器之所以可以连接不同类型的网络并对报文进行路由，除了必备的硬件条件外，更主要的还是因为每个路由器都有一个核心操作系统来统一调度路由器各部分的运行。

大部分 Cisco 路由器使用的是 Cisco 网络互联操作系统（Interconnected Operation System，IOS）。IOS 配置通常是通过基于文本的命令行接口（CLI）进行的。

配置文件是路由器的第二个主要的软件组成部分。该文件是路由器管理员所创建的文本文件。在路由器每次启动过程的最后阶段，配置文件中的每条语句被 IOS 执行以完成对应的功能，如配置接口 IP 地址信息、路由协议参数等。这样当路由器每次断电或重启时，网络管理人员不必对路由器的各种参数重新进行配置。

## 三、路由器的端口

（1）Console 端口：路由器的控制端口，使用配置专用连线直接连接至计算机的串口，利用终端仿真程序（如 Windows 下的"超级终端"）进行路由器本地配置。

（2）AUX 端口：辅助端口，主要用于远程配置，也可用于拨号连接，还可通过收发器与 Modem 进行连接。

（3）RJ-45 端口：以太网端口。RJ-45 端口大多为 10/100Mb/s 自适应的。

（4）SC 端口：光纤端口，用于与光纤的连接。

（5）串行（Serial）端口：常用于广域网接入，如帧中继、DDN 专线等，也可通过 V.35 线缆进行路由器之间的连接。

（6）BRI 端口：ISDN 的基本速率端口，用于 ISDN 广域网接入，采用 RJ-45 标准。

## 四、路由器的配置模式

（1）用户模式。以终端或 Telnet 方式进入路由器时系统会提示用户输入口令，输入口令后便进入了第 1 级，即用户模式级别，系统提示符为 Router>，在这一级别，用户只能查看路由器的一些基本状态，不能进行设置。

（2）特权模式。在用户模式下先输入 enable，再输入相应的口令，进入第 2 级特权模式。特权模式的系统提示符是 Router#，在这一级别上，用户可以使用 show 命令进行配置检查。这时还不能进行路由器配置的修改，如果要修改路由器配置，必须进入第 3 级。

（3）全局配置模式。这种模式下，允许用户真正修改路由器的配置。进入第 3 级的方法是在特权模式中输入 configure terminal，则相应提示符变为 Router(config)#。此时，用户才能真正修改路由器的配置，比如配置路由器的静态路由表，详细的配置命令需要参考路由器配置文档。如果想配置具体端口，还需要进入第 4 级。

（4）端口配置模式。路由器中有各种端口，如 10/100 Mb/s 以太网端口和同步端口等。要对这些端口进行配置，需要进入端口配置模式。比如，现在想对以太网端口 0/1 进行配置，需要使用 interface ethernet0/1 命令，如下所示。

```
Router(config)# interface ethernet 0/1
Router(config-if)#
```

以上几种配置模式输入口令的关系如图 6-1 所示。

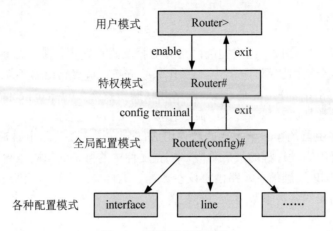

图 6-1　配置模式关系图

## 【任务实施】

（1）实训设备。

路由器一台，计算机 1 台，配置线缆一条。

（2）网络拓扑。

实训网络拓扑如图 6-2 所示。

路由器基本配置

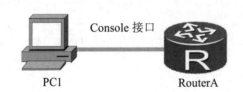

图 6-2　实训拓扑图

如图 6-2 所示，连接线要使用专用的配置线缆，线的一端接计算机的 COM 口，另外一端接所要配置交换机的 Console 口。

（3）注意事项。

利用 Cisco Packet Tracer 6 打开 PC1 的超级终端，进入端口属性设置对话框（9600-8-None-1-None），如图 6-3 所示，就可以登录路由器。

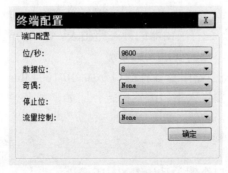

图 6-3　终端配置界面

项目 6

（4）实施步骤。

**步骤 1**　路由器命令行操作模式的进入。

| | |
|---|---|
| Router>enable | //进入特权模式 |
| Router#configure terminal | //进入全局配置模式 |
| Router(config)# interface fastethernet 0/1 | //进入路由器 F0/1 端口模式 |
| Router(config-if)#exit | //退回到上一级操作模式 |

**步骤 2**　设置路由器的名称。

| | |
|---|---|
| Router>enable | |
| Router#configure terminal | |
| Router(config)# hostname RouterA | //配置交换机的设备名称为 RouterA |
| RouterA(config)#banner motd & | //使用 banner 命令设置的每日提示信息，参数 motd 指定以哪个字符为信息的结束符 |

**步骤 3**　配置路由器的 IP 地址和子网掩码。

| | |
|---|---|
| RouterA(config)#interface fastethernet 0/1 | //进入路由器 F0/1 端口模式 |
| RouterA(config-if)#ip address 192.168.1.1 255.255.255.0 | //设置端口 F0/1 的 IP 地址和子网掩码 |
| RouterA(config-if)#no shutdown | //开启端口 |
| RouterA(config-if)#exit | |
| RouterA(config)# | |

**步骤 4**　配置路由器串口的时钟和 IP 地址。

| | |
|---|---|
| RouterA(config)#interface serial 0/0/0 | //进入路由器串口 s0/0/0 |
| RouterA(config-if)#clock rate 64000 | //设置时钟频率为 64000b/s |
| RouterA(config-if)#bandwidth 64 | //设置提供带宽为 64kb/s |
| RouterA(config-if)#ip address 192.168.10.1 255.255.255.0 | //设置串口的 IP 地址和子网掩码 |
| RouterA(config-if)#no shutdown | //开启端口 |
| RouterA(config-if)#exit | |
| RouterA(config)# | |

**步骤 5**　设置路由器控制台登录密码。

```
RouterA#config terminal
RouterA(config)#line console 0
RouterA(config-line)#enable password cisco
RouterA(config-line)#exit
RouterA(config)#
```

**步骤 6**　设置路由器远程登录密码。

```
RouterA#config terminal
RouterA(config)#line vty 0 4
RouterA(config-line)#enable password cisco1
RouterA(config-line)#login
RouterA(config-line)#exit
RouterA(config)#
```

**步骤 7**　设置路由器特权模式密码。

```
RouterA#config terminal
RouterA(config)#enable password 123456
RouterA(config)#exit
```

**步骤 8** 查看路由器的系统和配置信息。

| | |
|---|---|
| RouterA#show version | //查看路由器的版本信息 |
| RouterA#show running-config | //查看路由器当前生效的配置信息 |
| RouterA#show interface s0/0/0 | //查看 s0/0/0 的配置信息 |

【任务小结】

（1）在输入命令时，请尽量使用 Tab 键把命令补齐。

（2）对每个端口或者串口配置完成后，注意开启该接口。

（3）完成路由器配置后，使用 show 命令查看配置是否正确。

# 任务 2　配置静态路由

【任务描述】

随着公司业务的拓展，公司新租用了一座办公楼，并组建了局域网，现需要把新老两座办公楼的网络连接起来，实现公司内部网络的互联互通。

两台路由器通过串口用 V.35 线缆连接在一起，并在每个路由器上各连接两台交换机分别代表两个不同子网，要求在两台路由器上分别配置静态路由来实现新老两座办公楼网络的互通。

【相关知识】

## 一、路由器的工作过程

什么是路由

路由器转发数据报的关键是路由表，每个路由器中都保存着一张路由表，表中每条路由项都指明数据从某个子网或某台主机应通过路由器的哪个物理接口发送出去，然后就可以到达该路径的下一个路由器，或者不再经过别的路由器而传送到直接相连的网络中的目的主机。

路由器的工作过程如图 6-4 所示。

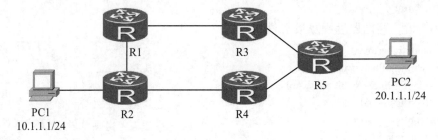

图 6-4　路由器的工作过程

（1）PC1 将 PC2 的 IP 地址 20.1.1.1/24 连同数据信息以数据帧的形式发送给路由器 R2。

（2）路由器 R2 收到 PC1 的数据帧后，先从报头中取出地址 20.1.1.1/24，根据路由表计算出发往 PC2 的最佳路径 R2→R4→R5→PC2，并将数据帧发往路由器 R4。

（3）路由器 R4 重复路由器 R2 的工作，并将数据帧转发给路由器 R5。

（4）路由器 R5 同样取出目的地址，发现 20.1.1.1/24 就在该路由器所连接的网段上，于是将该数据帧直接交给 PC2。

数据报的传递路径是路由器根据网络状态作出的逻辑数据决策，路由器所依据的就是路由表，路由表是什么样子的呢？

## 二、路由表

通常情况下，路由表包含了路由器进行路由选择时所需要的关键信息。这些信息构成了路由表的总体结构，如表 6-1 所示。

表 6-1　路由表

| Dest | Mask | GW | Interface | Owner | pri | metric |
| --- | --- | --- | --- | --- | --- | --- |
| 20.1.1.0 | 255.255.255.0 | 2.2.2.2 | F0/1 | static | 1 | 0 |

（1）目的网络地址（Dest）：用于标识 IP 数据报要到达的目的逻辑网络或子网地址，表中 20.1.1.0 为目的逻辑网络地址或子网地址。

（2）掩码（Mask）：与目的地址一起来标识目的主机或路由器所在的网段的地址，255.255.255.0 为目的逻辑网络或子网的掩码。

（3）下一跳地址（GW）：与承载路由表的路由器相邻的路由器的端口地址，2.2.2.2 为下一跳逻辑地址。

（4）发送的物理端口（Interface）：学习到该路由条目的接口，也是数据报离开路由器去往目的地将经过的接口，F0/1 为学习到这条路由的接口和将要进行数据转发的接口。

（5）路由信息的来源（Owner）：表示该路由信息是如何学习到的。路由表可以由管理员手工建立（静态路由表）；也可以由路由选择协议（OSPF）自动建立并维护，static 为静态路由表。

（6）路由优先级（pri）：决定了来自不同路由来源的路由信息的优先权，1 为此路由管理距离。

（7）度量值（metric）：度量值用于表示每条可能路由的代价，度量值最小的路由就是最佳路由，0 为此路由的度量值。

## 三、路由分类

路由表记录的信息主要由 3 种路由信息构成。

（1）直连路由：给路由器接口配置一个 IP 地址，路由器自动产生本接口 IP 所在网段的路由信息，由路由器学习感知得到。

（2）静态路由：在拓扑结构简单的网络中，静态路由可以由人工配置实现不同网段之间的连接；默认路由是静态路由的一种特殊情况，是放置在路由表中最后执行的静态路由。当路由表中所有路由都不匹配时，则按照默认路由转发数据报。

（3）动态路由：在大规模网络中或网络拓扑相对复杂的情况下，通过在路由器上运行动态路由协议，路由器之间相互自动学习产生路由信息。

## 四、静态路由的配置命令

静态路由配置命令

配置静态路由的命令如下。

Router(config)#ip route [目的网段地址] [子网掩码] [下一跳 IP 地址/本地接口]

例如：配置到目标网络 20.1.1.0/24 的静态路由，下一跳为 1.1.1.1。

Router(config)#ip route 20.1.1.0 255.255.255.0 1.1.1.1

配置到目标网络 20.1.1.0/24 的静态路由，要求数据流量只能从 F0/1 端口转发。

Router(config)#ip route 20.1.1.0 255.255.255.0 F0/1

使用 no 命令可以删除已配置的静态路由，例如删除到目标网络 20.1.1.0/24 的静态路由。

Router(config)#no ip route 20.1.1.0 255.255.255.0 F0/1

## 【任务实施】

（1）实训设备。

路由器 2 台，交换机 2 台，计算机 4 台，1 对 V.35 DCE/DTE 电缆，双绞线若干。

（2）网络拓扑。

实训网络拓扑如图 6-5 所示。

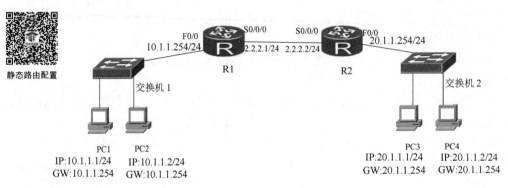

图 6-5　实训拓扑图

如图 6-5 所示，两台路由器之间连线时要采用 V.35 线缆，两台路由器通过串口直接相连，则必须在 DCE 端设置时钟频率用于同步通信，此实训的 DCE 端连接在 R1 的 S0/0/0 口，另一端连接到 R2 的 S0/0/0 口；另外注意路由有去必须有回，所以必须在 R1 和 R2 上分别配置静态路由；IP 地址规划如图 6-5 所示。

（3）实施步骤。

**步骤 1**　配置路由器 R1 的名称、接口 IP 和时钟频率。

```
Router#conf t
Router(config)#hostname R1                          //配置路由器的名称
R1(config)#int serial 0/0/0                         //进入连接的串口（实验中端口号可能不同）
R1(config-if)#clock rate 64000
R1(config-if)#ip address 2.2.2.1 255.255.255.0      //为 S0/0/0 端口设置 IP
R1(config-if)#no shutdown
R1(config-if)#exit
R1(config)#int f0/0
R1(config-if)#ip address 10.1.1.254 255.255.255.0
```

R1(config-if)#no shutdown

R1(config-if)#exit

**步骤 2** 配置路由器 R2 的名称、接口 IP。

Router#conf t

Router(config)#hostname R2 　　　　　　　//配置路由器的名称

R2(config)#int serial 0/0/0 　　　　　　　//进入连接的串口

R2(config-if)#ip address 2.2.2.2 255.255.255.0 　　//为 S0/0/0 端口设置 IP

R2(config-if)#no shutdown

R2(config-if)#exit

R2(config)#int f0/0

R2(config-if)#ip address 20.1.1.254 255.255.255.0

R2(config-if)#no shutdown

R2(config-if)#exit

**步骤 3** R1 上配置静态路由。

R1(config)#ip route 20.1.1.0 255.255.255.0 2.2.2.2

//配置到达 20.1.1.0 网段的静态路由，下一跳的地址为 2.2.2.2

**步骤 4** R2 上配置静态路由。

R2(config)#ip route 10.1.1.0 255.255.255.0 2.2.2.1

//配置到达 10.1.1.0 网段的静态路由，下一跳的地址为 2.2.2.1

**步骤 5** 查看路由表。

R1#show ip route

Codes: C - connected, S - static, I - IGRP, R - RIP, M - mobile, B - BGP

D - EIGRP, EX - EIGRP external, O - OSPF, IA - OSPF inter area

N1 - OSPF NSSA external type 1, N2 - OSPF NSSA external type 2

E1 - OSPF external type 1, E2 - OSPF external type 2, E - EGP

i - IS-IS, L1 - IS-IS level-1, L2 - IS-IS level-2, ia - IS-IS inter area

* - candidate default, U - per-user static route, o - ODR

P - periodic downloaded static route

Gateway of last resort is not set

2.0.0.0/24 is subnetted, 1 subnets

C 2.2.2.0 is directly connected, Serial0/0

10.0.0.0/24 is subnetted, 1 subnets

C 10.1.1.0 is directly connected, FastEthernet0/0

20.0.0.0/24 is subnetted, 1 subnets

S 20.1.1.0 [1/0] via 2.2.2.2

R2#show ip route

Codes: C - connected, S - static, I - IGRP, R - RIP, M - mobile, B - BGP

D - EIGRP, EX - EIGRP external, O - OSPF, IA - OSPF inter area

N1 - OSPF NSSA external type 1, N2 - OSPF NSSA external type 2

E1 - OSPF external type 1, E2 - OSPF external type 2, E - EGP

i - IS-IS, L1 - IS-IS level-1, L2 - IS-IS level-2, ia - IS-IS inter area

* - candidate default, U - per-user static route, o - ODR

P - periodic downloaded static route

```
Gateway of last resort is not set
    2.0.0.0/24 is subnetted, 1 subnets
C   2.2.2.0 is directly connected, Serial0/0
    10.0.0.0/24 is subnetted, 1 subnets
S   10.1.1.0 [1/0] via 2.2.2.1
    20.0.0.0/24 is subnetted, 1 subnets
C   20.1.1.0 is directly connected, FastEthernet0/0
```

**步骤6** 测试网络的连通性。

把 PC1、PC2、PC3、PC4 的 IP 地址、子网掩码以及网关按照网络拓扑图中的地址配置完成后进行网络连通性的测试。

在 PC1 上测试 PC1 和 PC3 的连通性。

```
PC1>ping 20.1.1.1
Pinging 20.1.1.1 with 32 bytes of data:
Reply from 20.1.1.1: bytes=32 time=1ms TTL=126
Reply from 20.1.1.1: bytes=32 time=1ms TTL=126
Reply from 20.1.1.1: bytes=32 time=1ms TTL=126
Reply from 20.1.1.1: bytes=32 time=1ms TTL=126
Ping statistics for 20.1.1.1:
Packets: Sent = 4, Received = 4, Lost = 0 (0% loss)
```

## 【任务小结】

（1）静态路由配置必须有去有回，即需要在两台路由器上配置两条静态路由，才能实现两个子网的互联互通。

（2）注意接口的配置，实际连接的接口要和配置保持一致。例如两台路由器都是 S0/0/0 相连接口，那么就要进入 S0/0/0 接口进行相应配置。

（3）连接两台路由器 DCE 串口线的一端必须设置时钟频率用于同步通信。

（4）4 台计算机必须配置网关才能实现相互通信。

# 任务3　配置 OSPF 路由

## 【任务描述】

随着公司业务的拓展，公司网络分为两个区域，每个区域内使用一台路由器连接 2 个子网，为实现公司网络互连，需要将两台路由器通过以太网链路连接在一起并进行适当的配置，以实现这 4 个子网之间的互联互通，使用 OSPF 路由协议实现子网之间的互通。

## 【相关知识】

OSPF 工作原理

### 一、OSPF 动态路由协议

OSPF（Open Shortest Path First，开放式最短路径优先）协议是目前网络中应用最广泛的路由协议之一，属于内部网关路由协议，能够适应各种规模的网络环境，是典型的链路状态协议。共具有路由变化收敛速度快、无路由环路、支持变长子网掩码（VLSM）和汇总、层次区域划分等优点。在网络中使用 OSPF 协议后，大部分路由将由 OSPF 协议自行计算和生成，无须管理员人工配置，当网络拓扑发生变化时，协议可以自动计算、更正路由，方便了网络管理。

OSPF 协议是一种链路状态协议。每个路由器负责发现、维护与"邻居"的关系，并将已知的邻居列表和链路状态更新（Link State Update，LSU）报文描述，通过可靠的泛洪与自治系统（Autonomous System，AS）内的其他路由器周期性交互，学习到整个自治系统的网络拓扑结构;并通过自治系统边界的路由器注入其他 AS 的路由信息，从而得到整个 Internet 的路由信息。每隔一个特定时间或当链路状态发生变化时，重新生成链路状态公告（Link State Advertisement，LSA），路由器通过泛洪机制将新 LSA 通告出去，以便实现路由的实时更新。

## 二、OSPF 区域

OSPF 支持将一组网段组合在一起，这样的一个组合称为一个区域。

划分 OSPF 区域可以缩小路由器的链路状态数据库（Link State Database，LSDB）规模，减少网络流量。区域内的详细拓扑信息不向其他区域发送，区域间传递的是抽象的路由信息，而不是详细的描述拓扑结构的链路状态信息。每个区域都有自己的 LSDB，不同区域的 LSDB 是不同的。Area 0 为骨干区域，为了避免区域间路由环路，非骨干区域之间不允许直接相互发布路由信息。因此，每个区域都必须连接到骨干区域，如图 6-6 所示。

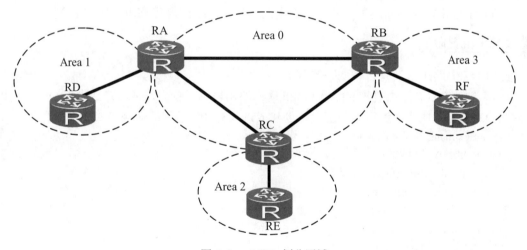

图 6-6　OSPF 划分区域

在规模较小的企业网络中，可以把所有的路由器划分到同一个区域中，同一个 OSPF 区域中的路由器中的 LSDB 是完全一致的。OSPF 区域号可以手动配置，为了便于将来的网络扩展，推荐将该区域号设置为 0，即骨干区域。

## 三、OSPF 工作原理

OSPF 要求每台运行 OSPF 的路由器都了解整个网络的链路状态，这样才能计算出到达目的地的最优路径，OSPF 工作原理如图 6-7 所示。

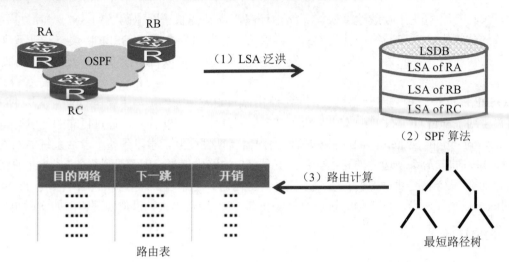

图 6-7　OSPF 工作原理

（1）建立 LSDB。运行 OSPF 协议的路由器泛洪 LSA，LSA 中包含了路由器已知的接口 IP 地址、掩码、开销和网络类型等信息，收到 LSA 的路由器都可以根据 LSA 提供的信息建立自己的 LSDB。

（2）生成最短路径树。在 LSDB 的基础上使用最短路径优先（SPF）算法进行运算，建立起到达每个网络的最短路径树。

（3）生成路由表。通过最短路径树得出到达目的网络的最优路由，加入 IP 路由表中。

## 四、OSPF 配置命令

配置 OSPF 路由协议有以下两个步骤。

（1）创建 OSPF 路由进程。配置 OSPF 动态路由协议，首先需要创建或进入 OSPF 进程，然后在 OSPF 配置模式下进行相关配置。创建或进入 OSPF 进程的命令格式如下。

```
R1(config)#router ospf process-id
//process-id 为定义 OSPF 路由进程号，取值范围为 1～65535。
```

删除一个已定义的进程，命令如下。

```
R1(config)#no router ospf process-id
```

例如删除已创建的 OSPF 路由进程 20，命令如下。

```
R1(config)#no router ospf 20
```

（2）定义关联网络及所属区域。

```
R1(config-router)#network ip-address wildcard area area-id
//ip-address 为端口对应的网段，wildcard 为网段的子网掩码反码，area-id 为 OSPF 区域标识
```

删除 OSPF 区域定义，命令如下。

```
R1(config-router)#no network ip-address wildcard area area-id
```

例如删除已创建的 OSPF 区域 1，命令如下。

```
R1(config-router)#no network 192.168.10.0 0.0.0.255 area 1
```

## 五、loopback 接口

loopback 接口，也叫回环口，是一个逻辑的、虚拟的接口。在系统视图下，使用 interface

loopback 加上接口编号可创建 loopback 接口，创建完成后即可为该接口配置 IP 地址。

　　loopback 接口在手工创建后，是永远不会关闭的（除非手动关闭），因此非常稳定，常用于模拟路由器的直连网段，可用于测试。

## 【任务实施】

　　（1）实训设备。

　　路由器 2 台，双绞线若干。

　　（2）网络拓扑

　　实训网络拓扑如图 6-8 所示。

OSPF 路由配置

172.16.1.0/24　LO 0　　　　　F0/0　　　　　　　　F 0/0　　　　　LO 0　　172.16.3.0/24

172.16.2.0/24　LO 1　192.168.1.1/24　192.168.1.2/24　LO 1　172.16.4.0/24

　　　　　　　　　　　R1　　　　　　　　　　　　　　R2

图 6-8　实训拓扑图

　　使用双绞线连接两台路由器的两个 F0/0 口，分别在两个路由器上配置两个 loopback 接口，用来虚拟两个不同的网段，IP 地址规划如图 6-8 所示，实现不同网段的互联。

　　（3）实施步骤。

　　**步骤 1**　配置路由器 R1 的名称、接口 IP 和 loopback 接口地址。

```
Router#conf t
Router(config)#hostname R1                        //配置路由器的名称
R1(config)#interface f0/0                          //进入 F0/0
R1(config-if)#ip address 192.168.1.1 255.255.255.0 //为 F0/0 端口设置 IP
R1(config-if)#no shutdown
R1(config-if)#exit
R1(config)#interface loopback 0                    //进入 loopback 0
R1(config-if)#ip address 172.16.1.1 255.255.255.0
R1(config-if)#no shutdown
R1(config-if)#exit
R1(config)#interface loopback 1                    //进入 loopback 1
R1(config-if)#ip address 172.16.2.1 255.255.255.0
R1(config-if)#no shutdown
R1(config-if)#exit
```

　　**步骤 2**　配置路由器 R2 的名称、接口 IP 和 loopback 接口地址。

```
Router#conf t
Router(config)#hostname R2                         //配置路由器的名称
R2(config)#interface f0/0                           //进入 F0/0
R2(config-if)#ip address 192.168.1.2 255.255.255.0 //为 F0/0 端口设置 IP
R2(config-if)#no shutdown
R2(config-if)#exit
R2(config)#interface loopback 0                    //进入 loopback 0
R2(config-if)#ip address 172.16.3.1 255.255.255.0
```

R2(config-if)#no shutdown
R2(config-if)#exit
R2(config)#interface loopback 1                                  //进入 loopback 1
R2(config-if)#ip address 172.16.4.1 255.255.255.0
R2(config-if)#no shutdown
R2(config-if)#exit

**步骤3** 配置 OSPF 路由协议。

分别为两个路由器配置 OSPF 协议如下。

R1:

R1(config)#router ospf 1
R1(config-router)#network 172.16.1.0 0.0.0.255 area 0
R1(config-router)#network 172.16.2.0 0.0.0.255 area 0
R1(config-router)#network 192.168.1.0 0.0.0.255 area 0
R1(config-router)#exit

R2:

R2(config)#router ospf 1
R2(config-router)#network 172.16.3.0 0.0.0.255 area 0
R2(config-router)#network 172.16.4.0 0.0.0.255 area 0
R2(config-router)#network 192.168.1.0 0.0.0.255 area 0
R2(config-router)#exit

**步骤4** 查看 OSPF 路由协议。

R1:

```
R1#show ip interface brief
Interface          IP-Address      OK?   Method    Status Protocol
FastEthernet0/0    192.168.1.1     YES   manual    up     up
Loopback0          172.16.1.1      YES   manual    up     up
Loopback1          172.16.2.1      YES   manual    up     up
R1#show ip route
Codes: C - connected, S - static, I - IGRP, R - RIP, M - mobile, B - BGP
D - EIGRP, EX - EIGRP external, O - OSPF, IA - OSPF inter area
N1 - OSPF NSSA external type 1, N2 - OSPF NSSA external type 2
E1 - OSPF external type 1, E2 - OSPF external type 2, E - EGP
i - IS-IS, L1 - IS-IS level-1, L2 - IS-IS level-2, ia - IS-IS inter area
* - candidate default, U - per-user static route, o - ODR
P - periodic downloaded static route
Gateway of last resort is not set
172.16.0.0/16 is variably subnetted, 4 subnets, 2 masks
C 172.16.1.0/24 is directly connected, Loopback0
C 172.16.2.0/24 is directly connected, Loopback1
O 172.16.3.1/32 [110/2] via 192.168.1.2, 00:20:45, FastEthernet0/0
O 172.16.4.1/32 [110/2] via 192.168.1.2, 00:20:45, FastEthernet0/0
C 192.168.1.0/24 is directly connected, FastEthernet0/0
```

R2:

```
R2#show ip interface brief
Interface          IP-Address      OK?   Method    Status Protocol
```

```
FastEthernet0/0    192.168.1.2    YES    manual    up    up
Loopback0          172.16.3.1     YES    manual    up    up
Loopback1          172.16.4.1     YES    manual    up    up
R2#show ip route
Codes: C - connected, S - static, I - IGRP, R - RIP, M - mobile, B - BGP
D - EIGRP, EX - EIGRP external, O - OSPF, IA - OSPF inter area
N1 - OSPF NSSA external type 1, N2 - OSPF NSSA external type 2
E1 - OSPF external type 1, E2 - OSPF external type 2, E - EGP
i - IS-IS, L1 - IS-IS level-1, L2 - IS-IS level-2, ia - IS-IS inter area
* - candidate default, U - per-user static route, o - ODR
P - periodic downloaded static route
Gateway of last resort is not set
172.16.0.0/16 is variably subnetted, 4 subnets, 2 masks
O 172.16.1.1/32 [110/2] via 192.168.1.1, 00:23:25, FastEthernet0/0
O 172.16.2.1/32 [110/2] via 192.168.1.1, 00:23:25, FastEthernet0/0
C 172.16.3.0/24 is directly connected, Loopback0
C 172.16.4.0/24 is directly connected, Loopback1
C 192.168.1.0/24 is directly connected, FastEthernet0/0
```

**步骤 5**　测试。

在 R1 上，直接 ping R2 的 loopback 0 的 IP 地址，测试结果显示成功。

```
R1#ping 172.16.3.1
Type escape sequence to abort.
Sending 5, 100-byte ICMP Echos to 172.16.3.1, timeout is 2 seconds:
!!!!!
Success rate is 100 percent (5/5), round-trip min/avg/max = 0/0/0 ms
```

或者在 R2 上，直接 ping R1 的 loopback 1 的 IP 地址，同样显示测试成功。

```
R2#ping 172.16.2.1
Type escape sequence to abort.
Sending 5, 100-byte ICMP Echos to 172.16.2.1, timeout is 2 seconds:
!!!!!
Success rate is 100 percent (5/5), round-trip min/avg/max = 0/0/1 ms
```

## 【任务小结】

（1）路由器上配置 OSPF，要在 OSPF 后加上一个进程号，如"1"，进程号范围为 1~65535。

（2）在宣告网段时，必须要把所连接网段全部宣告出去。例如 R1 连接 3 个网段，即 172.16.1.0/24、172.16.2.0/24、192.168.1.0/24。

（3）在宣告直连网段时，注意要写该网段子网掩码的反码，反码是由 255.255.255.255 减去子网掩码得到的。

（4）在声明直连网段时，必须指明所属的区域 Area 0，Area 0 是骨干区域，其他是非骨干区域。

## 拓展任务

某公司的网络拓扑如图 6-9 所示，为使公司用户能访问 Internet，请配置该网络。

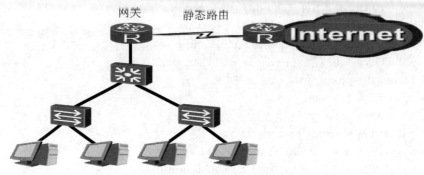

图 6-9　某公司网络拓扑图

## 课后习题

1. 在校园网的网络架设中，作为校园网与外界的连接器应采用（　　）。

    A. 交换机　　　　　　　　　　　B. 中继器

    C. 路由器　　　　　　　　　　　D. 网桥

2. 网络中为什么需要路由器（　　）。

    A. 将设备连接到 LAN　　　　　　B. 确保数据报的传输

    C. 将网络流量转发到远程网络　　　D. 提供数据报传输状态

3. 以下路由表项需由网络管理员手动配置的是（　　）。

    A. 直连路由　　　　　　　　　　B. 静态路由

    C. 动态路由　　　　　　　　　　D. 以上都不正确

4. 要显示路由器的运行配置，下面命令正确的是（　　）。

    A. Router# show running-config

    B. Router# show startup-config

    C. Router> show running-config

    D. Router> show startup-config

5. 下面可以配置路由器全局参数的是（　　）。

    A. Router>　　　　　　　　　　B. Router#

    C. Router(config) #　　　　　　　D. Router(config-if) #

6. 下列属于路由表的产生方式的是（　　）。

    A. 通过手工配置添加路由

    B. 通过运行动态路由协议自动学习产生

    C. 路由器的直连网段自动生成

    D. 以上都是

7．路由器中的路由表（　　）。

    A．需要包含到达所有主机的完整路径信息

    B．需要包含到达所有主机的下一步路径信息

    C．需要包含到达目的网络的完整路径信息

    D．需要包含到达目的网络的下一步路径信息

8．关于 OSPF 协议说法错误的是（　　）。

    A．OSPF 支持基于接口的报文验证

    B．OSPF 支持到同一目的地址的多条等值路由

    C．OSPF 是一个基于链路状态算法的边界网关路由协议

    D．OSPF 发现路由可以根据不同的类型而有不同的优先级

9．如果一个内部网络对外的出口只有一个，那么最好配置（　　）。

    A．默认路由            B．动态路由

    C．主机路由            D．协议路由

10．在一个运行 OSPF 的自治系统之内，（　　）是错误的。

    A．骨干区域自身必须连通

    B．非骨干区域自身必须连通

    C．必须存在一个骨干区域（区域号为 0）

    D．非骨干区域与骨干区域必须直接相连或逻辑上相连

# 项目 7
# 安装和配置公司服务器

此项目主要针对网络管理员的网络操作系统维护能力需求，重点培养网络管理员安装和配置网络操作系统的能力，能实现 Windows Server 2012 的安装，在工作组模式下，通过用户和组对文件进行管理。

## 任务 1　安装 Windows Server 2012 系统

网络操作系统

### 【任务描述】

有一个中小型公司，组建了公司的局域网，开发了公司的主页，需要架设一台服务器来为公司用户提供服务，现需要选择一种既安全又易于管理的网络操作系统。

### 【相关知识】

### 一、网络操作系统

1. 网络操作系统的概念

服务器是网络中用于提供服务的计算机。

广义上讲，任何计算机都可以充当服务器，只要它能够被其他计算机访问，它就是服务器。

狭义上讲，服务器是指提供专门服务的计算机。如提供网站服务的 Web 服务器、提供文件传输的 FTP 服务器、提供域名解析的 DNS 服务器等。专用的服务器上安装的操作系统必须是网络操作系统，实现相应功能时必须安装对应的服务器软件。

网络操作系统（Network Operation System，NOS）是使网络上各计算机能方便而有效地共享网络资源以及为网络用户提供所需的各种服务的软件和有关规程的集合。

网络操作系统的基本任务是屏蔽本地资源与网络资源的差异，为用户提供各种基本网络服务功能，完成网络共享系统资源的管理，并提供网络系统安全性的管理和维护。

2. 网络操作系统的功能

网络操作系统的功能包括处理机管理、存储器管理、设备管理、文件系统管理，以及为了方便用户使用操作系统而向用户提供用户接口，网络环境下的通信、网络资源管理及网络应用等特定功能，主要包括以下几个方面。

（1）网络通信。这是网络最基本的功能，其任务是在源主机和目标主机之间实现无差错的数据传输。

（2）资源管理、系统管理。对网络中的共享资源（硬件和软件）实施有效的管理，帮助用户共享资源，保证数据的安全性和一致性，对系统进行安全有效的管理。

（3）网络服务。在网络中能为用户提供各类服务，如电子邮件服务、文件服务、共享打印服务等。

（4）网络用户管理。操作系统提供了用户管理功能，用户访问控制机制有效地管理和控制了用户对网络资源的访问。用户必须提供合法的用户账号并在授权范围内访问网络资源就是用户管理的具体体现。

## 二、常见的网络操作系统

目前典型的网络操作系统有 Windows、UNIX、Linux 等。

（1）Windows 网络操作系统。Windows 网络操作系统是由微软（Microsoft）公司研发的。Windows 操作系统不仅在个人操作系统上占有绝对优势，在网络操作系统上也占有非常大比例。微软的网络操作系统在局域网中比较常见，但由于它对服务器的硬件配置要求较高，且稳定性不是很高，所以微软的网络操作系统一般只是用在中低端服务器中，高端服务器通常采用 UNIX、Linux 等网络操作系统。微软的网络操作系统主要有 Windows Server 2003/2008/2012 等。

（2）UNIX 操作系统。UNIX 操作系统是一个强大的多用户、多任务操作系统，支持多种处理器架构，按照操作系统的分类，属于分时操作系统，最早由 Ken Thompson、Dennis Ritchie 和 Douglas McIlroy 于 1969 年在 AT&T 的贝尔实验室开发。由于 UNIX 具有技术成熟、可靠性高、网络和数据库功能强、伸缩性突出等特点，可满足企业重要业务需求，已经成为主要的工作站平台和主要的企业操作平台。

（3）Linux 操作系统。Linux 操作系统是一个免费的类 UNIX 操作系统，其很多性能和特点与 UNIX 极其相似。Linux 操作系统诞生于 1991 年 10 月 5 日（这是第一次正式向外公布时间）。Linux 操作系统存在着许多不同的版本，它们都使用了 Linux 内核。Linux 操作系统可安装在各种计算机硬件设备中，比如手机、平板电脑、路由器、视频游戏控制台、台式计算机、大型机和超级计算机。Linux 下有大量的免费应用软件，从系统工具、开发工具、网络应用，到休闲娱乐、游戏等。

## 三、Windows Server 2012

Windows Server 2012 是微软的一个服务器系统，该操作系统已经在 2012 年 8 月 1 日完成编译 RTM 版，并且在 2012 年 9 月 4 日正式发售。

Windows Server 2012 与 Windows 8 一样，拥有全新的任务管理器。在新版本中，隐藏选项卡的时候默认只显示应用程序。在"进程"选项卡中，以色调来区分资源利用。它列出了应用程序名称、状态以及 CPU、内存、硬盘和网络的使用情况。在"性能"选项卡中，CPU、内存、硬盘、以太网和 Wi-Fi 以菜单的形式分开显示。

Windows Server 2012 主要可提供下列 4 方面功能。

（1）超越虚拟化。Windows Server 2012 提供了一个动态的、多租户基础架构，为私有云构建提供了完善的平台。除了虚拟化，Windows Server 2012 还能够扩展和保护工作负载，经济高效地构建云平台，并可以安全地连接到云服务。

（2）功能强大，管理简单。Windows Server 2012 提供集成式，高度可用，并且易于管理的多服务器平台。

（3）跨越云端的应用体验。Windows Server 2012 是全面的，极具可扩展性，并且适应性强的服务器平台，提供了足够的灵活性，能够使用一致的工具与框架在内部，在云端，在混合式环境中构建并部署 Web 与应用程序。

（4）现代化的工作方式。Windows Server 2012 能够让用户使用多种设备，灵活访问数据与应用程序且能获得丰富用户体验，同时还能简化管理，并帮助维护安全性、控制及合规性。

2012 年微软公布了 Windows Server 2012 的 4 个单品版本，按照所服务的企业规模从低往高分别为 Foundation、Essentials、Standard 以及 Datacenter。

（1）Windows Server 2012 Essentials 面向中小企业，用户限定在 25 位以内，该版本简化了界面，预先配置云服务连接，不支持虚拟化。

（2）Windows Server 2012 Standard 提供完整的 Windows Server 功能，限制使用两台虚拟主机。

（3）Windows Server 2012 Datacenter 提供完整的 Windows Server 功能，不限制虚拟主机数量。

（4）Windows Server 2012 Foundation 版本仅提供给原始设备制造商（OEM），限定用户在 15 位以内，提供通用服务器功能，不支持虚拟化。

安装 Windows Server 2012

## 【任务实施】

1. 在 VMware Workstation10 上创建虚拟机

（1）在 VMware Workstation 10 主界面单击"创建新的虚拟机"，如图 7-1 所示。

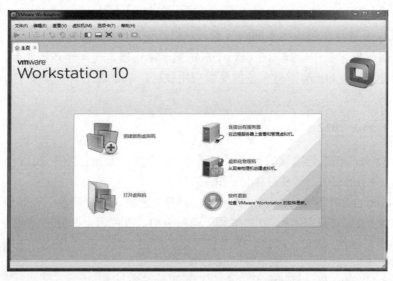

图 7-1　VMware Workstation 10 主界面

（2）在打开的"新建虚拟机向导"对话框中，单击"自定义（高级）"选项，单击"下一步"按钮，如图 7-2 所示。

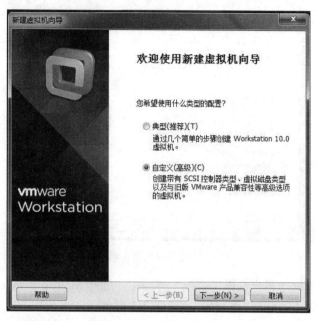

图 7-2　新建虚拟机向导

（3）在打开的"选择虚拟机硬件兼容性"界面中，单击"下一步"，如图 7-3 所示。

图 7-3　"选择虚拟机硬件兼容性"界面

（4）在打开的"安装客户机操作系统"界面中，单击"稍后安装操作系统"，单击"下一步"，如图 7-4 所示。

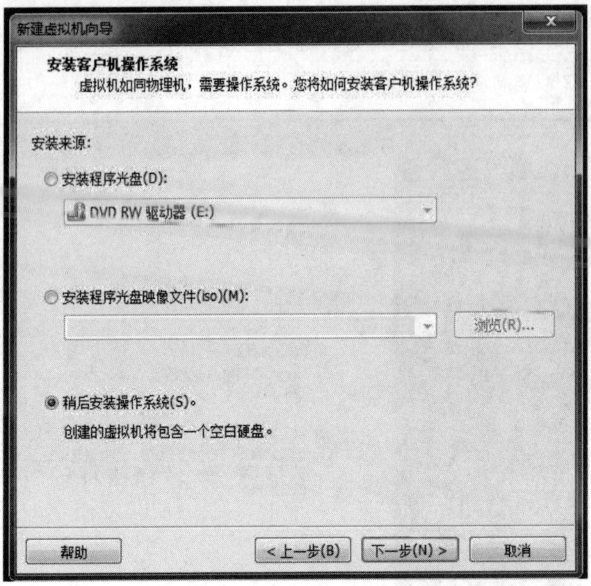

图 7-4　"安装客户机操作系统"界面

（5）在打开的"选择客户机操作系统"界面中，选择 Microsoft Windows（W）、版本选择 Windows Server 2012，单击"下一步"，如图 7-5 所示。

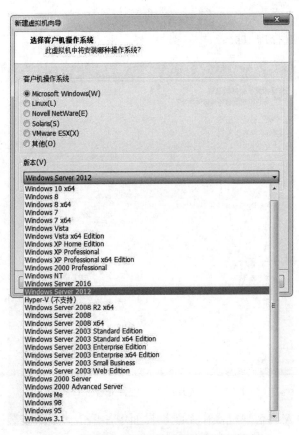

图 7-5　选择客户机操作系统的类型和版本

（6）在"命名虚拟机"界面中，设置虚拟机的名称和虚拟机的安装位置，单击"下一步"，如图 7-6 所示。

图 7-6　设置虚拟机的名称和位置

（7）在打开的"处理器配置"界面中，设置虚拟机的处理器数量和每个处理器的内核数，单击"下一步"，如图 7-7 所示。

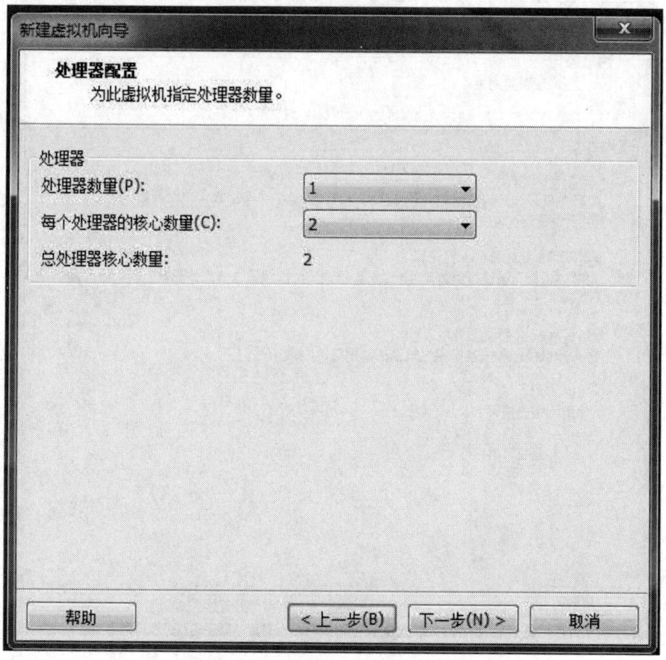

图 7-7　设置虚拟机的处理器数量和内核数

（8）在打开的"此虚拟机内存"界面中，设置虚拟机的内存大小，单击"下一步"，如图 7-8 所示。

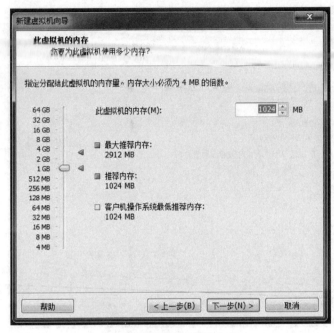

图 7-8　设置虚拟机的内存

（9）在打开的"网络类型"界面中，设置虚拟机的网络连接类型为"使用桥接网络"，单击"下一步"，如图 7-9 所示。

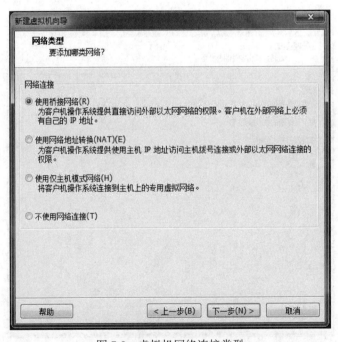

图 7-9　虚拟机网络连接类型

（10）在打开的"选择 I/O 控制器类型"界面中，设置虚拟机 I/O 控制器类型为"LSI Logic SAS(S)（推荐）"，单击"下一步"，如图 7-10 所示。

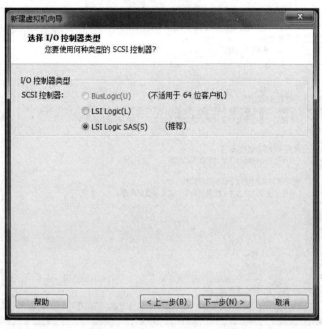

图 7-10　设置 I/O 控制器类型

（11）在打开的"选择磁盘类型"界面中，设置虚拟磁盘类型为"SCSI(S)（推荐）"，单击"下一步"，如图 7-11 所示。

图 7-11　设置磁盘类型

（12）在打开的"选择磁盘"界面中，选择"创建新虚拟磁盘"，单击"下一步"，如图7-12所示。

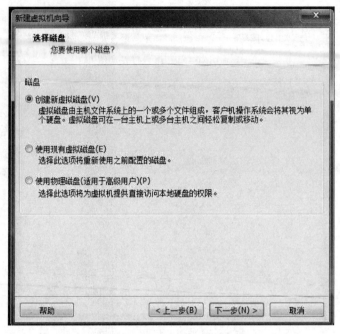

图7-12　创建新虚拟磁盘

（13）在打开的"指定磁盘容量"界面中，为虚拟机设置磁盘最大的容量（默认为60GB），同时选择"将虚拟磁盘拆分成多个文件（M）"，单击"下一步"，如图7-13所示。

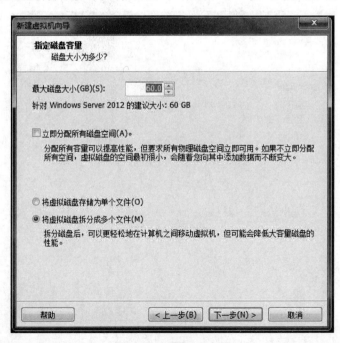

图7-13　设置磁盘容量

（14）在打开的"指定磁盘文件"界面中，自动生成磁盘文件，单击"下一步"，如图 7-14 所示。

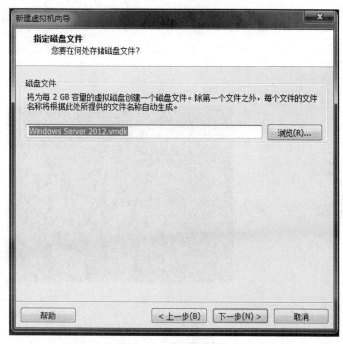

图 7-14　指定磁盘文件

（15）在打开的"已准备好创建虚拟机"界面中，单击"完成"，如图 7-15 所示。

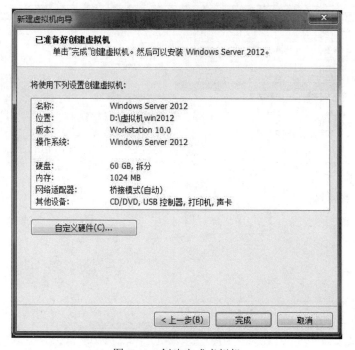

图 7-15　创建完成虚拟机

（16）创建完成后的虚拟机主界面如图 7-16 所示。可对虚拟机进行修改设置，在虚拟机设置主界面可以选择"编辑虚拟机设置"按钮，进入"虚拟机设置"对话框，如图 7-17 所示。

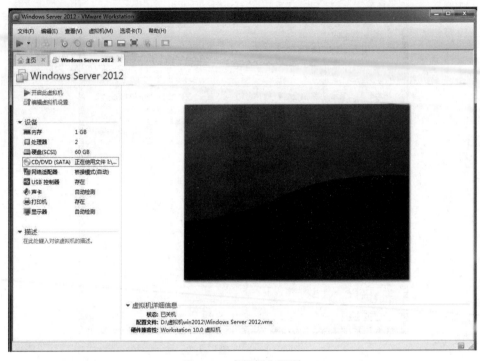

图 7-16　虚拟机主界面

图 7-17　"虚拟机设置"对话框

2．安装与启动 Windows Server 2012

（1）将镜像文件 Windows Server 2012 放入 CD/DVD 光盘中，将虚拟机设置为光驱启动，选择安装启动界面，如图 7-18 所示。

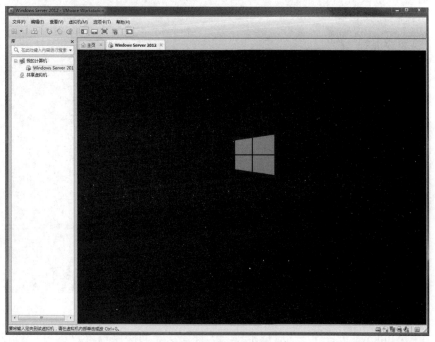

图 7-18　安装启动界面

（2）选择语言、时间和货币格式、键盘和输入方法，单击"下一步"如图 7-19 所示。

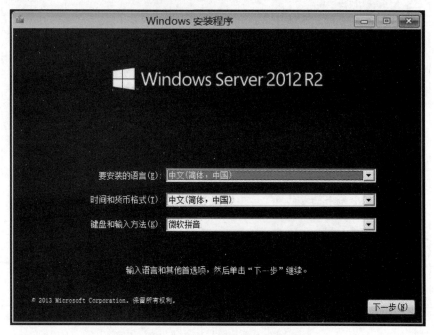

图 7-19　语言、时间和键盘的设置

（3）在"Windows 安装程序"窗口中，单击"现在安装"，如图 7-20 所示。

图 7-20 "Windows 安装程序"窗口

（4）在"Windows 安装程序"对话框中，选择要安装的操作系统版本为"Windows Server 2012 Datacenter Evaluation（带有 GUI 版本）"，单击"下一步"，如图 7-21 所示。

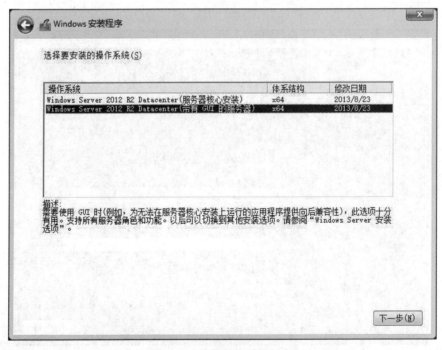

图 7-21 选择操作系统版本

（5）在"许可条款"界面中，勾选"我接受许可条款"，单击"下一步"，如图 7-22 所示。

图 7-22　"许可条款"界面

（6）在"你想执行哪种类型的安装？"界面中，选择"自定义：仅安装 Windows（高级）（C）"开始全新安装，如图 7-23 所示。

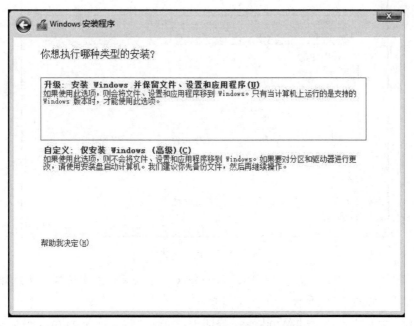

图 7-23　选择安装类型

（7）在"你想将 Windows 安装在哪里？"界面中，单击"驱动器选项（高级）（A）"，开始对硬盘进行分区，如图 7-24 所示。

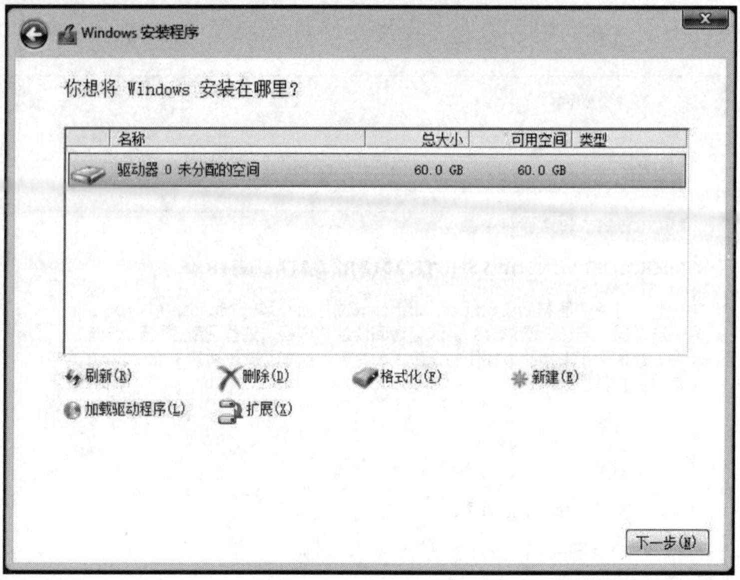

图 7-24　对硬盘进行分区

（8）选择"驱动器 0 未分配的空间"，单击"新建"，在"大小"编辑框中输入 20000，单击"应用"，完成第一个分区的创建，如图 7-25 所示。

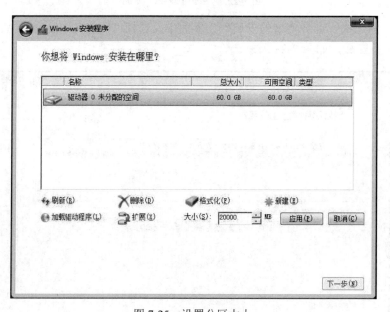

图 7-25　设置分区大小

（9）重复（8），可以完成对其他驱动器的分区，在分区列表中选择"驱动器 0 分区 2"，单击"下一步"，如图 7-26 所示。

（10）在打开的"正在安装 Windows"界面中，系统开始进行 Windows 的安装，如图 7-27 所示。

（11）安装完成后，系统自动重启，要求用户在首次登录时必须修改管理员密码，如图 7-28 所示。

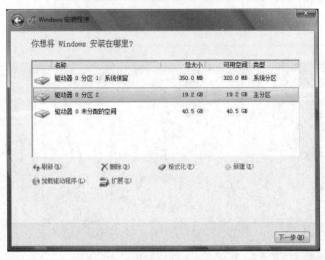

图 7-26　选择安装系统分区

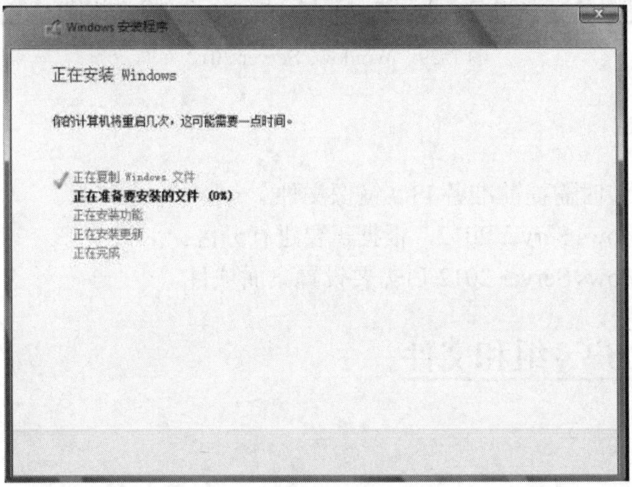

图 7-27　安装 Windows 界面

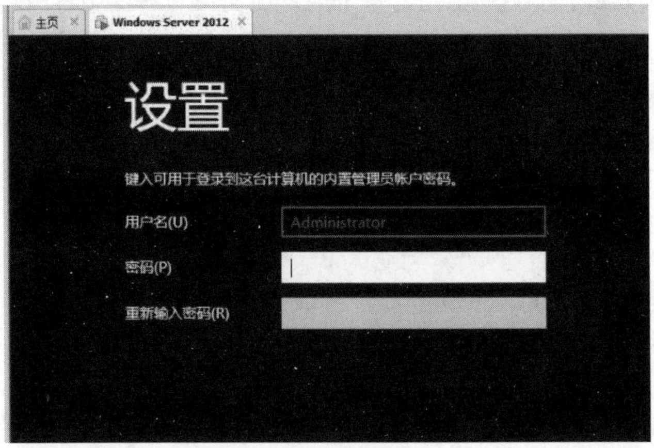

图 7-28　设置管理员密码

（12）进入 Windows Server 2012 界面，如图 7-29 所示。

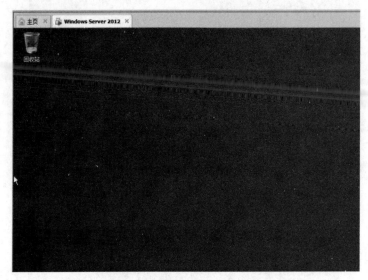

图 7-29　Windows Server 2012 界面

## 【任务小结】

（1）虚拟机安装时需提前准备 ISO 镜像文件。

（2）安装 Windows Server 2012，根据需要进行分区。

（3）安装 Windows Server 2012 后需要设置桌面项目。

# 任务 2　管理用户、组和文件

## 【任务描述】

　　某公司有两个部门，分别为销售部和技术部，有一台文件服务器，该服务器所在工作组为 JSJWL，6 名技术员属于不同的部门，每个用户在文件服务器中各有自己的本地用户账户。他们可以在自己的计算机上访问并修改文件服务器中自己部门的共享文件，而对其他组的共享文件只具有读取权限不具有修改权限。

## 【相关知识】

用户和组

## 一、用户

　　Windows Server 2012 支持两种用户账户：域账户和本地账户。

　　域账户可以登录域，获得对域中资源的访问权限。

　　本地账户只能登录一台特定的计算机，获得对该计算机的访问权限。

　　如果一个人拥有了某计算机的本地账户，他可以在本地登录该计算机，也可以通过网络登录该计算机。每个本地用户账户包含用户名、密码、隶属的组等要素。每个用户账户有一个用户名，在一台计算机中各账户不能重名。账户名中不能包含某些字符，如"*""∧""="等。账户名最长不能超过 20 个字符。

　　Windows Server 2012 中有两个内置账户：Administrator（管理员）和 Guest（来宾）。其中 Administrator 账户具有很高的权限，可执行各种管理任务，该账户可以改名，但不能删除。Guest 账户只具有基本的访问权限，没有修改权限，在默认情况下，该账户是禁用的。

## 二、组

　　如果一台服务器需要管理很多用户，其中的某些用户具有相同的权限，如果单独对每一个用户赋予权限，管理和维护很不方便，而且十分烦琐。建立组后，对组赋予相应的权限，只需要将用户加入该组，用户将自动具备组的权限，这样管理和维护就十分方便了。

　　组账户是用户账户的集合，它不能用于登录计算机，主要用于组织用户账户。

　　每个组可以设置一定的权限，则该组中的所有用户账户都可继承这些权限。一个用户账户可以同时成为几个组的成员，该用户账户的权限就是几个组权限的合并。Windows Server 2012 有几个内置的组，用户还可以创建新组，并为组设置权限。

## 【任务实施】

　　（1）实训设备。

　　装有 Windows Server 2012 操作系统（PC1）和 Windows 7 系统（PC2）的计算机各一台、交换机一台、直通线 2 条。

　　（2）网络拓扑。

　　实训网络拓扑如图 7-30 所示。

用户、组和文件管理

图 7-30　实训拓扑图

　　（3）实施步骤。

　　**步骤 1**　硬件连接。

　　用两条直通线分别把 PC1、PC2l 连接到交换机上。

　　**步骤 2**　TCP/IP 配置。

　　配置 PC1 和 PC2 的 IP 地址如表 7-1 所示，用 ping 命令测试这两台计算机是否连通。

表 7-1　IP 地址配置表

| 名称 | IP 地址 | 子网掩码 |
| --- | --- | --- |
| PC1 | 192.168.100.1 | 255.255.255.0 |
| PC2 | 192.168.100.2 | 255.255.255.0 |

**步骤3** 将计算机加入指定工作组。

1）右击 PC1 的"计算机"图标，选择"属性"命令，打开"系统"窗口，如图 7-31 所示。

图 7-31 "系统"窗口

2）单击"更改设置"，打开"系统属性"对话框，如图 7-32 所示。

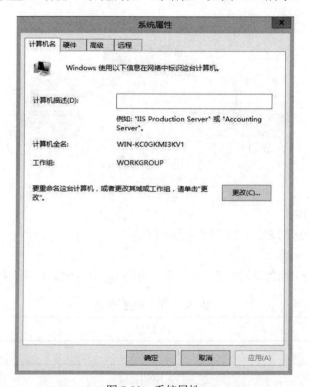

图 7-32 系统属性

3）单击"更改"按钮，打开"计算机名/域"对话框，修改计算机名为 PC1，工作组名为 JSJWL，需要重启计算机后更改生效，如图 7-33 所示。

图 7-33　计算机名/域修改

4）将 PC2 计算机名改为 PC2，工作组名改为 JSJWL。

**步骤 4**　创建和管理本地用户账户。

1）在 PC1 上，使用管理员身份登录后，选择"开始"→"管理工具"→"计算机管理"命令，打开"计算机管理"窗口，依次展开"系统工具"→"本地用户和组"，右击"用户"，选择"新用户"，如图 7-34 所示。

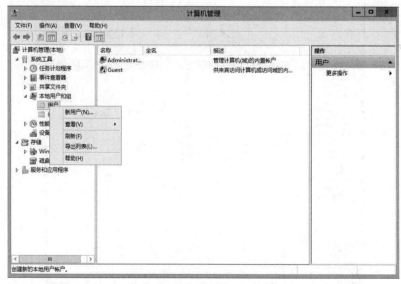

图 7-34　"计算机管理"窗口

2）在打开的"新用户"对话框中，输入用户名（user1）、全名（张 1）、描述（销售部）和密码（123@abc），并勾选"用户不能更改密码"和"密码永不过期"复选框，如图 7-35 所示。依次创建用户名为 user2～user6 的用户，参数如表 7-2 所示，创建完成的用户列表如图 7-36 所示。

图 7-35　新建用户

表 7-2　用户参数表

| 用户名 | 全名 | 描述 | 密码 | 选项 |
|---|---|---|---|---|
| user1 | 张 1 | 销售部 | 123@abc | |
| user2 | 王 1 | 销售部 | 123@abc | |
| user3 | 李 1 | 销售部 | 123@abc | 用户不能更改密码，密码永不过期 |
| user4 | 张 2 | 技术部 | 123@abc | |
| user5 | 王 2 | 技术部 | 123@abc | |
| user6 | 李 2 | 技术部 | 123@abc | |

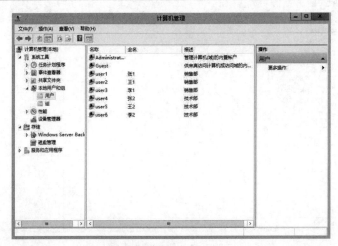

图 7-36　创建用户列表

项目 7

**步骤 5** 创建本地组，并将用户加入本地组。

1）在 PC1 上，使用管理员身份登录后，选择"开始"→"管理工具"→"计算机管理"命令，打开"计算机管理"窗口，依次展开"系统工具"→"本地用户和组"，右击"组"，选择"新建组"，输入组名为"销售部"，描述为"销售部"，单击"添加"按钮，如图 7-37 所示。

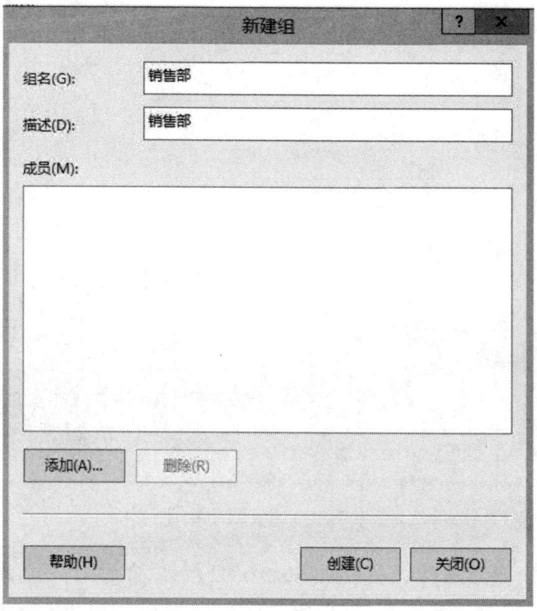

图 7-37　新建组

2）在"选择用户"对话框中，单击"高级"，展开"选择用户"对话框，单击"立即查找"按钮，如图 7-38 所示，选择 user1、user2、user3，如图 7-39 所示。

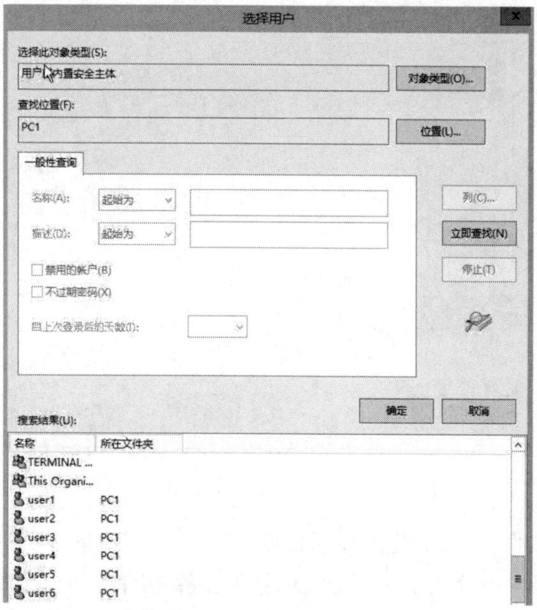

图 7-38　选择用户

3）单击"创建"，如图 7-39 所示，完成创建销售部组。

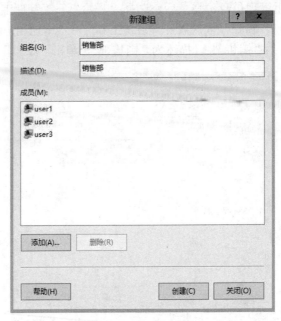

图 7-39　创建销售组

4）使用相同的方法，把 user4、user5、user6 加入技术部组，创建完成如图 7-40 所示。

图 7-40　创建技术组

**步骤 6**　创建共享文件夹，并设置共享权限。

1）在 PC1 上使用管理员身份登录，在 D 盘建立名为销售部、技术部的文件夹，如图 7-41 所示。

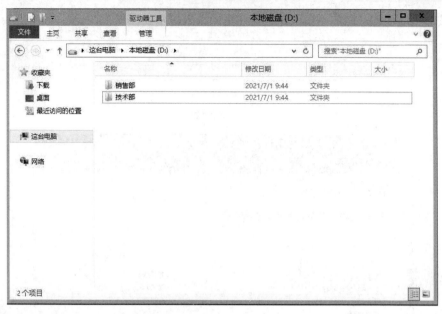

图 7-41　新建文件夹

2）右击销售部文件夹，在弹出的快捷菜单中选择"共享"→"特定用户"命令，打开"文件共享"窗口，输入"销售部"，单击"添加"，权限级别默认是"读取/写入"；同时输入"技术部"，单击"添加"，权限级别默认是"读取"，如图 7-42 所示。

图 7-42　文件共享权限设置 1

3）按照上述步骤，添加"技术部"文件夹的权限级别如图 7-43 所示，单击"共享"完成设置。

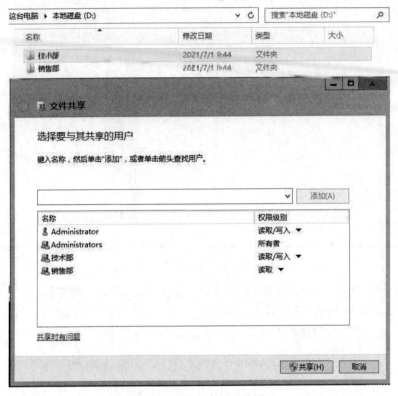

图 7-43　文件共享权限设置 2

**步骤 7**　验证共享文件夹访问权限。

1）在 PC2 上使用管理员身份登录，双击"网络"，在弹出的对话框中输入 PC1 的 IP 地址（192.168.100.1），输入用户名（user1）和密码，如图 7-44 所示，打开共享文件夹如图 7-45 所示。

图 7-44　user1 用户登录

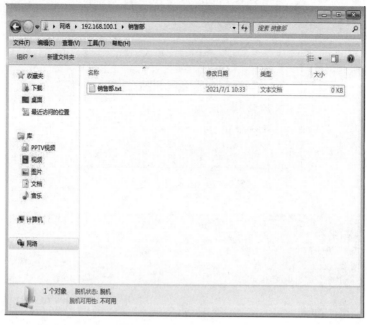

图 7-45　打开共享文件夹

2）验证 user1 用户对"销售部"文件夹有写入权限，"技术部"文件夹只有读取权限，如图 7-46 所示，user1 用户对"技术部"文件夹无写入权限。

图 7-46　"技术部"文件夹拒绝写入权限

3）重复上述步骤，验证 user4 对文件夹的访问权限，user4 登录界面如图 7-47 所示，打开"技术部"共享文件夹如图 7-48 所示，user4 用户对"销售部"文件夹无写入权限，如图 7-49 所示。

图 7-47　user4 用户登录

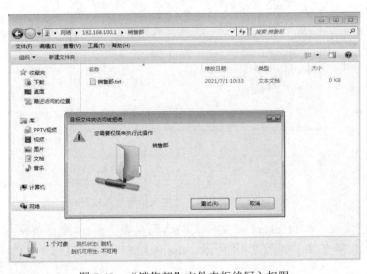

图 7-48　打开共享文件夹

图 7-49　"销售部"文件夹拒绝写入权限

## 【任务小结】

（1）新建用户时，需设置用户密码，密码必须包括数字、字母和符号。

（2）不同的用户要加入对应的组中。

（3）用户账户登录测试时，需注销后再登录其他用户账户。

# 拓展任务

为某公司的几个部门建立共享文件夹，并设置不同的权限。

# 课后习题

1. Windows NT Server 集中式管理中，利用了（　　）实现对大型网络的管理。

 A．域与域信任关系      B．网络用户注册

 C．网际互连协议       D．网路访问权限

2. 在 Windows Server 2012 系统中，默认情况下（　　）组的成员可以更改计算机的 IP 地址。

 A．Power Users       B．Users

 C．Network Configuration Operators  D．Guests

3. Windows NT 操作系统中从网络操作系统与系统应用角度来讲，两个始终未变的概念是（　　）。

 A．工作与活动目录     B．工作组与域

 C．活动目录与域      D．活动目录与组织单元

4. 在 Windows Server 2012 系统中，如果想跟踪数据报从源 IP 到目标 IP 所经过的路径，通常使用（　　）命令。

 A．tracert    B．ping    C．ipconfig   D．ipconfig/all

5. 对硬盘进行分区并完成格式化后，就可以安装系统软件了，之前的顺序是（　　）。

 A．先安装操作系统，再安装应用软件，最后安装驱动程序

 B．先安装操作系统，再安装驱动程序，最后安装应用软件

 C．先安装驱动程序，再安装操作系统，最后安装应用软件

 D．只需要安装操作系统，不需要安装驱动程序

6. 有一台服务器的操作系统是 Windows Server 2003，文件系统是 NTFS，无任何分区，现要求在该服务器中安装 Windows Server 2012，保留源数据，但不保留操作系统，应使用下列（　　）方法进行安装才能满足要求。

 A．在安装过程中进行全新安装并格式化磁盘

 B．对原操作系统进行升级安装，不格式化磁盘

 C．做成双引导，不格式化磁盘

 D．重新分区并进行全新安装

7．下列（　　）账户名不是合法的。

    A．abc_123

    C．administrator*

    B．windows 2012

    D．administraTOR

8．关于账户删除的描述错误的是（　　）。

    A．Administrator 账户不可以删除

    B．普通用户可以删除

    C．删除用户只能通过系统备份来恢复

    D．删除后的用户可以建立同名账户，并具有原来账户的权限

9．用户名最长可以达到（　　）字符。

    A．10    B．15    C．20    D．25

10．一个用户可以加入（　　）组。

    A．1    B．2    C．5    D．多

# 项目**8**
# 配置公司网络服务

此项目主要针对网络管理员在日常工作中岗位能力的需求，重点培养网络管理员配置和管理服务器的能力，实现配置网络服务的目标。在培养能力的同时，还需要理解 DHCP、DNS、Web 和 FTP 的工作原理，并熟练配置网络服务。

## 任务 1　安装和配置 DHCP 服务

### 【任务描述】

某公司组建单位内部的局域网，随着计算机数量的增加，连入单位内部网络时需要分配 IP 地址，另外有客户在对计算机重新安装操作系统后经常询问自己计算机的 IP 地址等信息，在这种情况下，需要在局域网内部安装并配置一台 DHCP 服务器，为公司内除服务器以外的所有计算机自动配置 IP 地址、子网掩码、默认网关、DNS 服务器等网络参数。

### 【相关知识】

#### 一、DHCP 的概念

动态主机配置协议（Dynamic Host Configuration Protocol，DHCP）是局域网的一个网络协议，主要用于对多个客户计算机集中分配 IP 地址，能将 IP 地址和TCP/IP的设置统一管理起来，而避免不必要的地址冲突的问题，常用在网络中对众多 Windows 用户进行管理，节省了网络管理员手工设置和分配地址的时间。使用 DHCP 分为两个部分：一个是服务器端，另一个是客户端。所有客户机的 IP 地址设定为"自动获取 IP 地址"。

#### 二、DHCP 的工作过程

DHCP 工作时要求客户机和服务器进行交互，由客户机通过广播向服务器发起申请 IP 地址的请求，然后由服务器分配一个 IP 地址以及其他的TCP/IP设置信息。整个过程如图 8-1 所示，可以分为以下步骤。

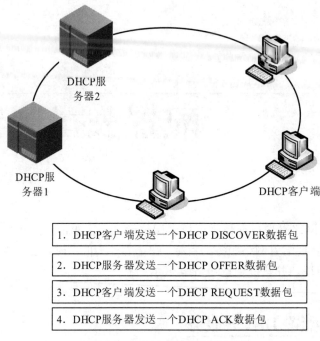

图 8-1　DHCP 服务器工作过程

（1）IP 地址租用申请：DHCP 客户机的TCP/IP首次启动时，就要执行 DHCP 客户程序，以进行 TCP/IP 的设置。由于此时客户机的 TCP/IP 还没有设置完毕，就只能使用广播的方式发送 DHCP 请求信息，广播信息使用 UDP 端口 67 和 68 进行发送，广播信息中包括了客户机的网络界面的硬件地址和计算机名字，以提供给 DHCP 服务器进行分配。

（2）IP 地址租用提供：当接收到 DHCP 客户机的广播信息之后，所有的 DHCP 服务器均为这个客户机分配一个合适的 IP 地址，将这些 IP 地址、网络掩码、租用时间等信息，按照 DHCP 客户机提供的硬件地址送回 DHCP 客户机。这个过程中 DHCP 服务器没有对客户计算机进行限制，因此客户机能收到多个 IP 地址信息。

（3）IP 地址租用选择：由于客户机接收到多个服务器发送的多个 IP 地址信息，客户机将选择一个 IP 地址，拒绝其他 DHCP 服务器提供的 IP 地址，以便这些地址能分配给其他客户机。客户机将向它选择的服务器发送选择租用信息。

（4）IP 地址租用确认：服务器收到客户机的选择信息，如果没有例外发生，将回应一个确认信息，将这个IP地址真正分配给这个客户机。客户机就能使用这个IP地址及相关的TCP/IP数据来设置自己的 TCP/IP 堆栈。

（5）更新租用：DHCP 中，每个 IP 地址是有一定租期的，若租期已到，DHCP 服务器就能够将这个 IP 地址重新分配给其他计算机。因此每个客户机应该提前不断续租它已经租用的 IP 地址，服务器将回应客户机的请求并更新该客户机的租期设置。一旦服务器返回不能续租的信息，那么 DHCP 客户机只能在租期到达时放弃原有的 IP 地址，重新申请一个新 IP 地址。为了避免发生问题，续租在租期达到 50%时就将启动，如果没有成功将不断启动续租请求过程，如图 8-2 所示。

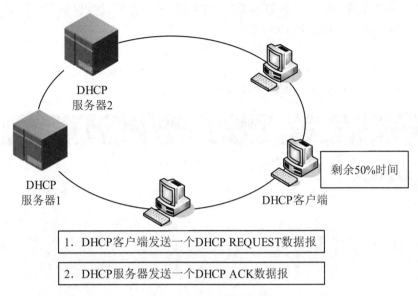

图 8-2　DHCP 续租过程

（6）释放 IP 地址租用：客户机可以主动释放自己的 IP 地址请求，也可以不释放，但也不续租，等待租期过期而释放占用的 IP 地址资源。

由于 DHCP 依赖于广播信息，因此一般的情况下，客户机和服务器应该位于同一个网络中。但是可以将网络中的路由器设置为可以转发 BOOTP 广播信息，使得服务器和客户机可以位于两个不同的网络中。然而配置转发广播信息不是一个很好的解决办法，更好的办法是使用DHCP 中转计算机，DHCP 中转计算机和 DHCP 客户机位于同一个网络中，来回应客户机的租用请求，但不维护 DHCP 数据和拥有 IP 地址资源，它只是将请求通过 TCP/IP 转发给位于另一个网络上的 DHCP 服务器，进行实际的 IP 地址分配和确认。

【任务实施】

（1）实训设备。

1 台二层交换机、1 台服务器、1 台计算机、2 条直通线。

（2）网络拓扑。

实训网络拓扑如图 8-3 所示。

安装和配置 DHCP 服务

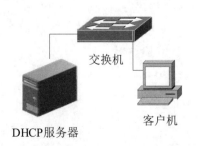

图 8-3　实训拓扑图

（3）实施步骤。

在使用 DHCP 服务功能时，必须为要安装 DHCP 服务器的计算机指定静态 IP 地址。此任务设置的静态 IP 地址为 192.168.100.1/24。

安装和配置 DHCP 服务器的过程如下。

1）在桌面上右击"计算机"图标，在弹出的快捷菜单中选择"管理"，打开"服务器管理器"窗口，单击"本地服务器"的"管理"菜单，如图 8-4 所示。

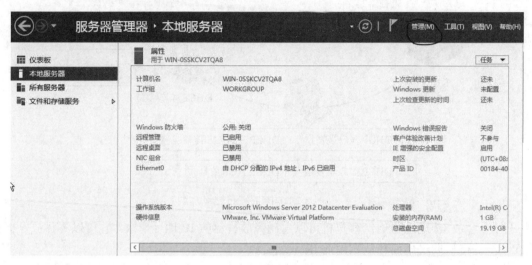

图 8-4　"服务器管理器"窗口

2）打开"管理"菜单下的"添加角色和功能向导"窗口，单击"服务器角色"，勾选"DHCP 服务器"复选框，单击"下一步"，如图 8-5 所示。

图 8-5　选择"DHCP 服务器"

3）选择需要安装的默认功能，单击"下一步"，如图 8-6 所示。

图 8-6　功能安装

4）在"DHCP 服务器"界面中单击"下一步"，如图 8-7 所示。

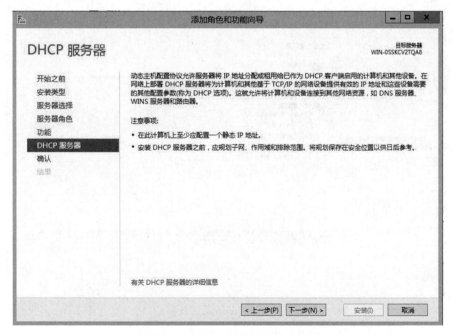

图 8-7　DHCP 服务器安装向导

5）在"确认安装所选内容"界面中，选择确认安装的 DHCP 服务，单击"安装"，如图 8-8 所示。

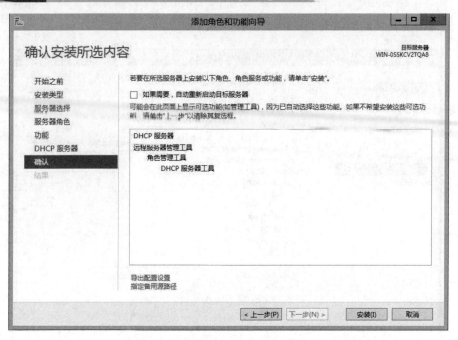

图 8-8 "确认安装所选内容"界面

6）安装 DHCP 服务的结果如图 8-9 所示。

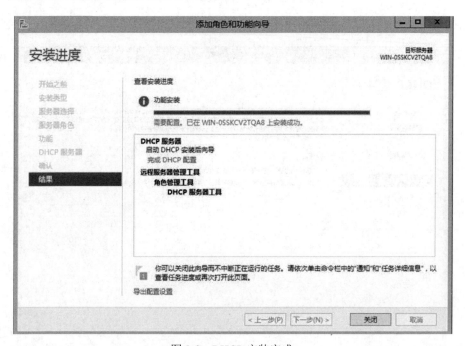

图 8-9 DHCP 安装完成

7）DHCP 安装完成后，在服务器管理器的"工具"菜单下，能找到已经安装好的 DHCP 服务，如图 8-10 所示。

图 8-10　DHCP 服务

8）单击 DHCP，弹出 DHCP 窗口，如图 8-11 所示。

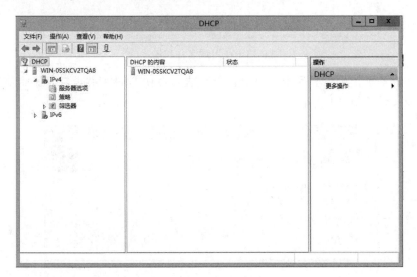

图 8-11　DHCP 窗口

9）右击 IPv4，在弹出的快捷菜单中选择"新建作用域"，单击"下一步"，如图 8-12 所示。

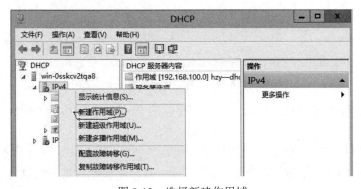

图 8-12　选择新建作用域

10）在打开的"新建作用域向导"对话框中，为作用域输入名称和描述，单击"下一步"，如图 8-13 所示。

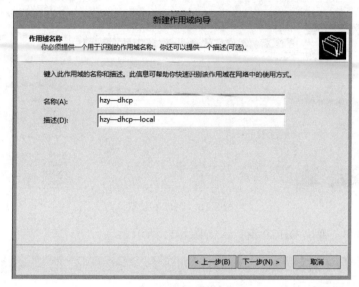

图 8-13　作用域名称和描述

11）在"IP 地址范围"界面中，编辑起始和结束的 IP 地址，并设计好子网掩码和长度，单击"下一步"，如图 8-14 所示。

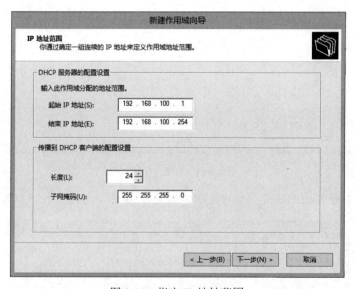

图 8-14　指定 IP 地址范围

12）在"添加排除和延迟"界面中，指定排除的 IP 地址范围和 IP 地址，单击"下一步"，如图 8-15 所示。

13）在"租用期限"界面中，输入期限，单击"下一步"，如图 8-16 所示。

14）在"配置 DHCP 选项"界面中，选择"是，我想现在配置这些选项"，单击"下一步"，如图 8-17 所示。

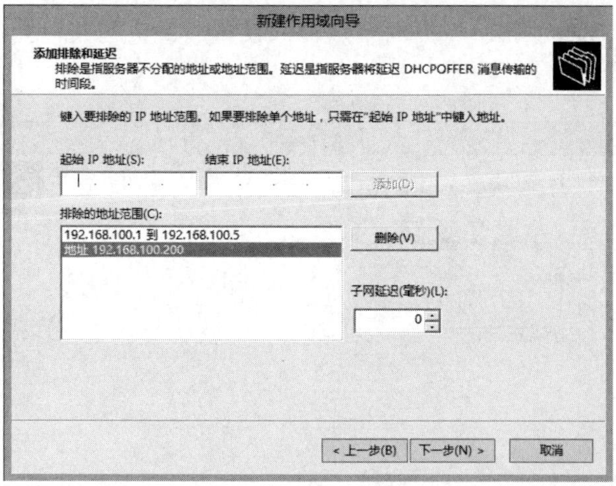


图 8-15　排除 IP 地址

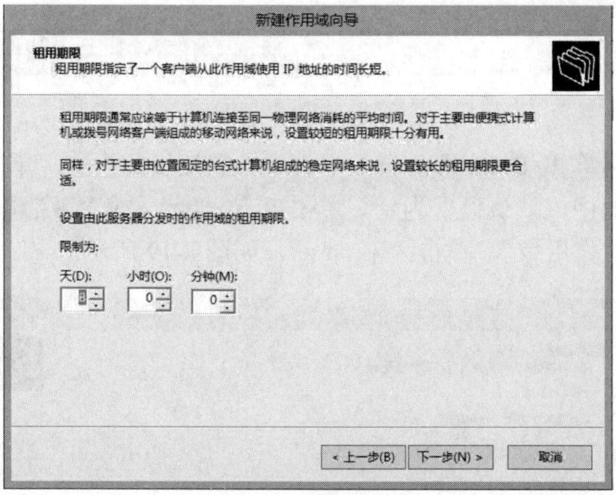


图 8-16　“租用期限”界面

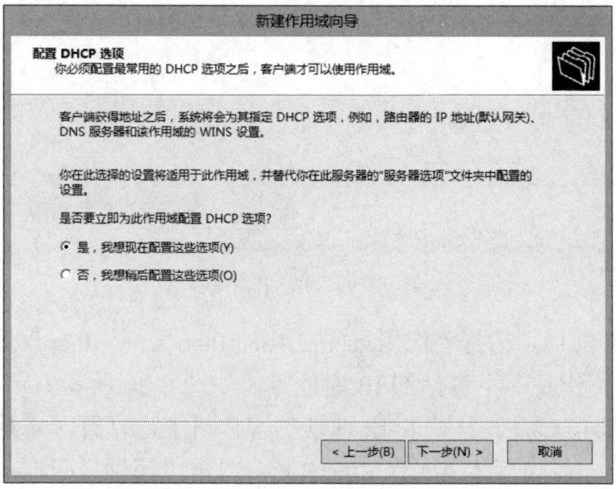


图 8-17　配置 DHCP 选项

项目 8

15）在"路由器（默认网关）"界面中，输入设置的默认网关地址，单击"下一步"，如图 8-18 所示。

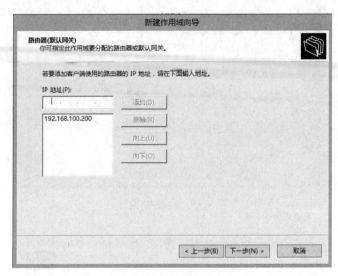

图 8-18　设置默认网关

16）在"选择域名称和 DNS 服务器"界面中，默认设置为空，单击"下一步"；在"选择 WINS 服务器"界面中，默认设置为空，单击"下一步"；在"激活作用域"界面中，选择"是，我想现在激活此作用域"，单击"下一步"，如图 8-19 所示。

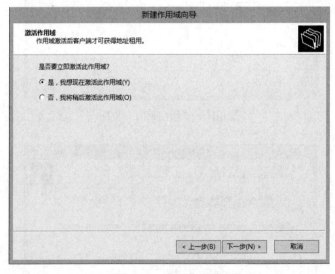

图 8-19　激活作用域

17）返回到 DHCP 窗口，选择"作用域[192.168.100.0]hzy—dhcp"地址池，可以看到设置的 IP 地址分发范围以及分发中不包括的 IP 地址等，如图 8-20 所示。

18）在需要使用 DHCP 服务器获取 IP 地址的客户机上，打开"本地连接"对话框，选择"属性"，选择"Internet 协议版本 4（TCP/IPv4）"，单击"属性"，选择"自动获得 IP 地址"和"自动获得 DNS 服务器地址"，如图 8-21 所示。

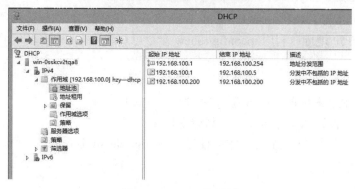

图 8-20　DHCP 作用域

图 8-21　设置客户机 IP 地址和 DNS 服务器地址

19）在客户机上依次单击"开始"→"程序"→"附件"→"命令提示符"，输入 ipconfig/all 查看客户机的 IP 地址、子网掩码、默认网关等，IP 地址就是从 DHCP 服务器上获取的，如图 8-22 所示。

图 8-22　获得的 IP 地址

20）在命令提示符下，利用 ipconfig/all 命令可查看获得的 IP 地址；利用 ipconfig/release 命令可释放获得的 IP 地址；利用 ipconfig/renew 命令可重新获得 IP 地址。

## 【任务小结】

（1）安装 DHCP 服务前，服务器的 IP 地址一定要静态配置。

（2）客户机要保证和服务器在同一网络中。

（3）已经自动获取 IP 地址后，才能使用 ipconfig/release 命令释放 IP 地址，否则该命令失效。

# 任务 2　安装和配置 DNS 服务

## 【任务描述】

有一中小型公司，组建了公司的局域网并架设好了公司内部的 Web 服务器和 FTP 服务器，同时公司内部的计算机已接入互联网，现需要安装并配置一台 DNS 服务器为公司用户提供 DNS 服务，使用户能够使用域名访问公司的 Web 网站和 FTP 服务器以及 Internet 上的网站。

## 【相关知识】

### 一、域名系统

域名系统（Domain Name System，DNS）是 Internet 上解决网上机器命名的一种系统。就像拜访朋友要先知道别人家怎么走一样，在 Internet 上当一台主机要访问另外一台主机时，必须首先获知其地址，TCP/IP 中的 IP 地址是由 4 段以 "." 分开的数字组成，但不如名称好记，所以就采用了域名系统来管理名称和 IP 的对应关系。

虽然 Internet 上的节点都可以用 IP 地址唯一标识，并且可以通过 IP 地址被访问，但即使是将 32 位的二进制 IP 地址写成 4 个 0～255 的十位数形式，也依然太长、太难记。因此，人们发明了域名（Domian Name），域名可将一个 IP 地址关联到一组有意义的字符上去。用户访问一个网站的时候，既可以输入该网站的 IP 地址，也可以输入其域名，对访问而言，两者是等价的。例如，百度公司的 Web 服务器的 IP 地址是 14.215.177.37，其对应的域名是 www.baidu.com，不管用户在浏览器中输入的是 14.215.177.37 还是 www.baidu.com，都可以访问其 Web 网站。

一个公司的 Web 网站可看作是它在网上的门户，而域名就相当于其门牌地址，通常域名都使用该公司的名称或简称。例如上面提到的百度公司的域名，类似的还有：IBM 公司的域名是 www.ibm.com，Oracle 公司的域名是 www.oracle.com，Cisco 公司的域名是 www.cisco.com 等。当人们要访问一个公司的 Web 网站，又不知道其确切域名的时候，也总会首先输入其公司名称作为试探。但是，由一个公司的名称或简称构成的域名，也有可能会被其他公司或个人抢注。甚至还有一些公司或个人恶意抢注了大量由知名公司的名称构成的域名，然后再高价转卖给这些公司，以此牟利。所以，尽早注册由自己名称构成的域名应当是任何一个公司或机构，特别是那些著名企业必须重视的事情。有的公司已经对由自己著名品牌构成的域名进行了保护性注册。

## 二、DNS 域名空间

### 1. DNS 的结构

为了方便管理及确保网络上每台主机的域名绝对不会重复，整个 DNS 结构设计成树状结构，任何一个连接在 Internet 上的主机或路由器，都有一个唯一的层次结构的名字，即域名。域还可以继续划分为子域，如二级域、三级域等。每一层由一个子域名组成，子域名间用"."隔开。最上面的一层为根域，最下面的一层为主机名，每一级的域名都由英文字母和数字组成，如图 8-23 所示。

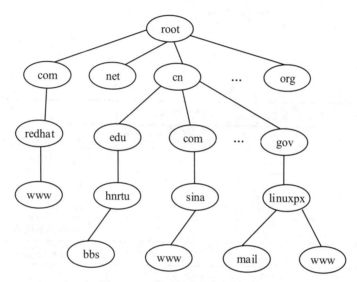

图 8-23 域名的层次结构示意图

### 2. 域名空间的划分

（1）根域。位于层次结构的最高端是域名树的根，提供根域名服务，以"."来表示。

（2）顶级域。顶级域位于根域之下，数目有限且不能轻易变动。

（3）在 DNS 域名空间中，除了根域和顶级域之外，其他的域都称为子域，子域是有上级域的域，一个域可以有许多子域。

（4）主机。在域名层次结构中，主机可以存在于根以下各层上。

域名书写方式，是级别高的域名要放置在后面，每一级域名之间采用"."隔开。如：…四级域名.三级域名.二级域名.顶级域名。例如，http://sport.sina.com.cn（新浪体育网），其域名结构如图 8-24 所示。

在分级的域名结构中，每个域都对其下面的子域存在控制权，并负责登记自己所有的子域，要创建一个新的子域，必须征得其所属域的同意。

### 3. 常用域名

常用的 6 个顶级域名，其中 com 表示商业机构，edu 表示教育机构，gov 表示政府部门，mil 表示军事部门，net 表示网络服务机构，org 表示非营利性组织，如表 8-1 所示，国家代码如表 8-2 所示。

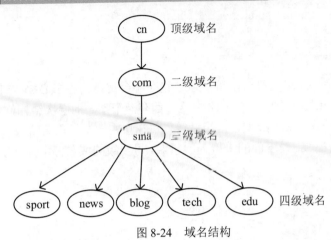

图 8-24　域名结构

表 8-1　6 个顶级域名

| 序号 | 顶级域名 | 域名类型 |
|---|---|---|
| 1 | com | 商业机构 |
| 2 | edu | 教育机构 |
| 3 | gov | 政府部门 |
| 4 | mil | 军事部门 |
| 5 | net | 网络服务机构 |
| 6 | org | 非营利性组织 |

表 8-2　国家代码

| 序号 | 国家或地区 | 代码 |
|---|---|---|
| 1 | 中国 | cn |
| 2 | 日本 | jp |
| 3 | 韩国 | kr |
| 4 | 英国 | uk |
| 5 | 美国 | us |

## 三、域名解析过程

DNS 通常由其他应用层协议（如 HTTP、FTP）使用，以将用户提供的域名解析为 IP 地址。例如，在客户端输入 www.hycollege.net，请 DNS 服务器解析出它的 IP 地址，客户端向 DNS 服务器发出解析请求，DNS 服务器解析出该域名所对应的 IP 地址为 61.146.118.22，将其传送给客户端，客户端利用 IP 地址与远端的 Web 服务器建立 TCP 连接，Web 服务器作出回应，客户端通过浏览器才能看到 Web 服务器的信息，域名解析过程如图 8-25 所示。

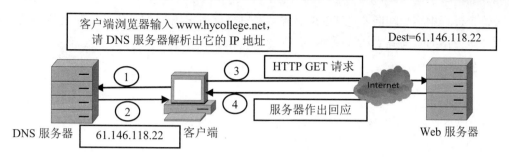

图 8-25　域名解析过程

域名解析过程有两种：递归查询和迭代查询。

递归查询：主机向本地域名服务器的查询一般都是采用递归查询。如果主机所询问的本地域名服务器不知道被查询的域名的 IP 地址，那么本地域名服务器就以 DNS 客户的身份，向其他根域名服务器继续发出查询请求报文（即替主机继续查询），而不是让主机自己进行下一步查询。递归查询返回的查询结果或者是所要查询的 IP 地址，或者是报错，表示无法查询到所需的 IP 地址。

迭代查询：本地域名服务器向根域名服务器的查询一般是迭代查询。迭代查询的特点是，当根域名服务器收到本地域名服务器发出的迭代查询请求报文时，要么给出所要查询的 IP 地址，要么告诉本地服务器"你下一步应当向哪一个域名服务器进行查询"。然后让本地服务器进行后续的查询。根域名服务器通常是把自己知道的顶级域名服务器的 IP 地址告知本地域名服务器，让本地域名服务器再向顶级域名服务器查询。

例如，客户端在浏览器中输入 www.sohu.com，向本地 DNS 服务器请求该域名所对应的 IP 地址；本地 DNS 服务器查询本地缓存，如果没有，联系 DNS 根服务器解析它的 IP 地址；DNS 根域服务器作出回应，告诉本地 DNS 服务器"这个域名由.com 域服务器管理，地址是***，请联系它"；本地 DNS 服务器向.com 域服务器发送请求解析 www.sohu.com 的 IP 地址；.com 域服务器给出回应，请负责 sohu.com 的服务器来解析；本地 DNS 服务器继续查询 sohu.com 服务器；查询域名对应的 IP 地址为 211.159.191.18，将其发送给本地域名服务器；本地服务器将此地址发给客户端，这就是一个完整的域名解析过程，如图 8-26 所示。

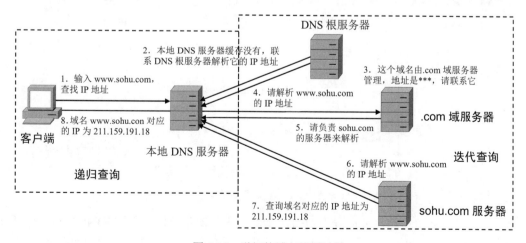

图 8-26　详细的域名解析过程

在这个过程中客户端向本地 DNS 服务器发出查询请求属于递归查询，本地 DNS 服务器向根域名服务器的查询属于迭代查询。

## 【任务实施】

（1）实训设备。

1 台二层交换机、1 台服务器、1 台计算机、2 条直通线。

（2）网络拓扑。

实训网络拓扑如图 8-27 所示。

安装和配置 DNS 服务

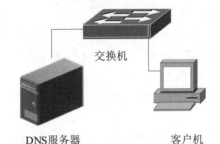

图 8-27　实训拓扑图

在使用 DNS 服务功能时，必须为要安装 DNS 服务器的计算机指定静态 IP 地址。此任务设置的静态 IP 地址为 192.168.100.1/24。

（3）实施步骤。

安装和配置 DNS 服务器的过程如下。

1）在桌面上右击"计算机"图标，在弹出的快捷菜单中选择"管理"，打开"服务器管理器"，单击"本地服务器"窗口的"管理"菜单，如图 8-28 所示。

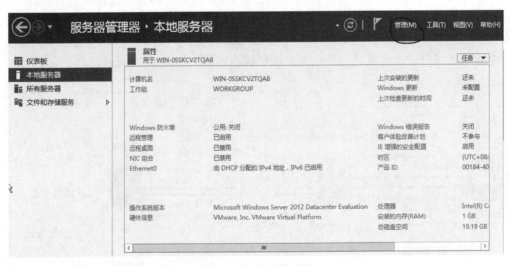

图 8-28　服务器管理器

2）打开"添加角色和功能向导"窗口，单击"服务器角色"，勾选"DNS 服务器"复选框，如图 8-29 所示，单击"下一步"，此时会弹出添加角色管理工具的界面，如图 8-30 所示。

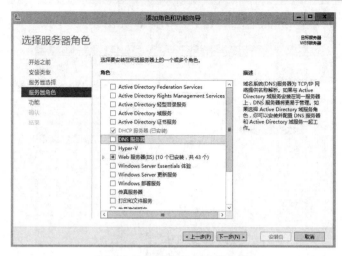

图 8-29　添加角色和功能向导

图 8-30　添加角色管理工具

3）选择需要安装的默认功能，单击"下一步"，如图 8-31 所示。

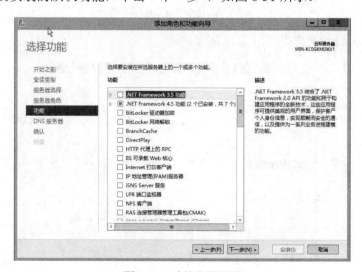

图 8-31　功能安装界面

4）在"DNS 服务器"界面中，单击"下一步"，如图 8-32 所示。

图 8-32　DNS 服务器安装向导

5）在"确认安装所选内容"界面中，选择确认安装的 DNS 服务，单击"安装"，如图 8-33 所示。

图 8-33　确认安装 DNS 服务界面

6）安装 DNS 服务的结果如图 8-34 所示。

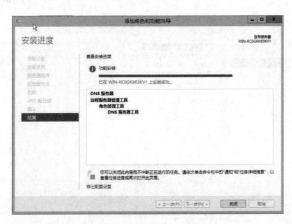

图 8-34　DNS 安装完成

7）DNS 安装完成后，在服务器管理器的"工具"菜单下，能找到已经安装好的 DNS 服务，如图 8-35 所示。

图 8-35　DNS 服务图

8）单击 DNS，弹出"DNS 管理器"窗口，如图 8-36 所示。

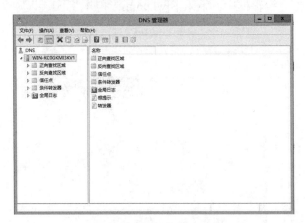

图 8-36　"DNS 管理器"窗口

9）右击"正向查找区域"，在弹出的快捷菜单中选择"新建区域"，单击"下一步"，如图 8-37 所示。

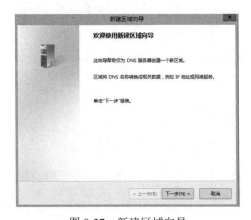

图 8-37　新建区域向导

10）在打开的"新建区域向导"对话框中，选择"主要区域"，单击"下一步"，如图 8-38 所示。

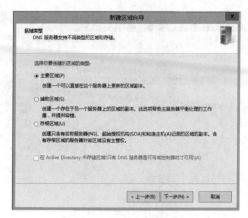

图 8-38　新建区域向导

11）在"区域名称"编辑框中，输入 jsjwl.com，单击"下一步"，如图 8-39 所示。

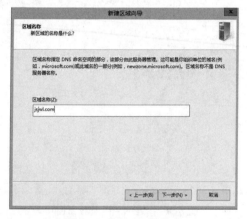

图 8-39　输入区域名称

12）此时会自动生成一个区域文件 jsjwl.com.dns，如图 8-40 所示，单击"下一步"。

图 8-40　自动生成区域文件

13）在"动态更新"界面中，选择允许的动态更新类型，此时选择"不允许动态更新"，如图 8-41 所示，单击"下一步"。

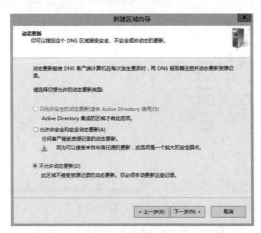

图 8-41　动态更新

14）单击"完成"，如图 8-42 所示，此时创建区域完成。

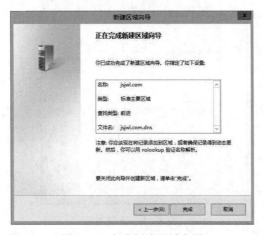

图 8-42　完成新建区域向导

15）通过 DNS 管理器可以查看正向查找区域 jsjwl.com，如图 8-43 所示。

图 8-43　正向查找区域

16）右击正向查找区域 jsjwl.com，选择"新建主机"，如图 8-44 所示。

图 8-44　选择"新建主机"

17）输入主机名称 www，完全限定的域名自动填充完整为 www.jsjwl.com，IP 地址为本机 IP 地址 192.168.100.1，如图 8-45 所示，单击"添加主机"。

图 8-45　新建主机

18）此时添加了一个主机记录，如图 8-46 所示。

图 8-46　添加主机记录

19）右击正向查找区域 jsjwl.com，选择"新建别名"，如图 8-47 所示，在"别名"编辑框中输入 host，在"目标主机的完全合格的域名"框中，单击"浏览"，依次单击直到选择 www 主机，如图 8-48 所示，新建资源记录如图 8-49 所示。

图 8-47　选择"新建别名"

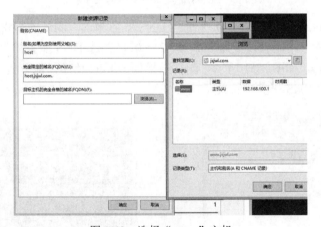

图 8-48　选择"www"主机

图 8-49　新建资源记录

20）此时建立了主机记录 www 和主机别名 host，如图 8-50 所示。

图 8-50　DNS 管理器中主机记录和别名

21）使用 ns lookup 命令在客户机上进行 DNS 服务测试。测试前需将客户机的 IP 地址设置为 192.168.100.2，子网掩码设置为 255.255.255.0，"首选 DNS 服务器"设置为服务器的 IP 地址（192.168.100.1），如图 8-51 所示。测试结果如图 8-52 所示，能解析出 www.jsjwl.com 和 host.jsjwl.com，说明 DNS 服务器正常工作。

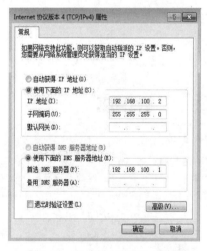

图 8-51　客户机 TCP/IPv4 设置

图 8-52　ns lookup 测试

【任务小结】

（1）安装 DNS 服务前，服务器的 IP 地址一定要静态配置。

（2）要保证客户机和服务器在同一网络中。

（3）配置好服务器为 DNS 服务器后，在客户机测试时，客户机的"首选 DNS 服务器"的地址一定要配置为服务器的 IP 地址。

# 任务 3　安装和配置 Web 服务

## 【任务描述】

有一中小型公司，组建了公司的局域网，并开发了公司的网站，现需要架设公司 Web 服务器，发布公司的网站，使用户能够访问公司的网站。

## 【相关知识】

### 一、C/S 和 B/S 模型

1. C/S 模型

C/S（Client/Server）结构即客户机/服务器模式。C/S 结构通常采取两层结构，服务器负责数据的管理，客户机负责完成与用户的交互任务。

客户机通过局域网与服务器相连，接收用户的请求，并通过网络向服务器提出请求，对数据库进行操作。服务器接收客户机的请求，将数据提交给客户机，客户机对数据进行计算并将结果呈现给用户。服务器还要提供完善的安全保护及对数据完整性的处理等操作，并允许多个客户机同时访问，这就对服务器的硬件的数据处理能力提出了很高的要求。

在 C/S 结构中，应用程序分为两部分：服务器部分和客户机部分。服务器部分是多个用户共享的信息与功能，执行后台服务，如控制共享数据库的操作等；客户机部分为用户所专有，负责执行前台功能，在出错提示、在线帮助等方面都有强大的功能，并且可以在子程序间自由切换。

C/S 结构在技术上已经很成熟，它的主要特点是交互性强，具有安全的存取模式，响应速度快，利于处理大量数据。但是 C/S 结构缺少通用性，系统维护、升级需要重新设计和开发，增加了维护和管理的难度，进行进一步的数据拓展困难较多，所以 C/S 结构只限于小型的局域网。

2. B/S 模型

B/S（Browser/Server）结构即浏览器/服务器模式，是 Web 兴起后的一种网络结构模式，Web 浏览器是客户端最主要的应用软件。这种模式统一了客户端，将系统功能实现的核心部分集中到服务器上，简化了系统的开发、维护和使用。客户机上安装一个浏览器，如 Netscape Navigator 或 Internet Explorer，服务器安装 SQL Server、Oracle、MySQL 等数据库。浏览器通过 Web Server 与数据库进行数据交互。它是 C/S 架构的一种改进，属于 3 层 C/S 架构。

第 1 层是浏览器，即客户端，只有简单的输入输出功能，处理极少部分的事务逻辑。由于客户不需要安装客户端，只要有浏览器就能上网浏览，所以它面向的是大范围的用户，界面设计得比较简单。

第 2 层是 Web 服务器，扮演着信息传送的角色。当用户想要访问数据库时，就会首先向 Web 服务器发送请求，Web 服务器收到请求后会向数据库服务器发送访问数据库的请求，这个请求是以 SQL 语句实现的。

第 3 层是数据库服务器，扮演着重要的角色，因为它存放着大量的数据。当数据库服务器收到了 Web 服务器的请求后，会对 SQL 语句进行处理，并将返回的结果发送给 Web 服务器，接下来，Web 服务器将收到的数据结果转换为 HTML 文本形式发送给浏览器，也就是打开浏览器看到的界面。

## 二、HTTP 和万维网

什么是万维网

超文本传输协议（Hypertext Transfer Protocol，HTTP）是一个简单的请求—响应协议，它通常运行在TCP之上。它指定了客户端可能发送给服务器什么样的消息以及得到什么样的响应。请求和响应消息的头以ASCII形式给山，而消息内容则具有一个类似MIME的格式。这个简单模型是早期Web成功的关键，因为它使开发和部署直截了当。

HTTP 是基于 C/S 模式且面向连接的。典型的 HTTP 事务处理的过程如下。

（1）客户机与服务器建立连接。

（2）客户机向服务器提出请求。

（3）服务器接收请求，并根据请求返回相应的文件作为应答。

（4）客户机与服务器关闭连接。

客户机与服务器之间的 HTTP 连接是一种一次性连接，它限制每次连接只处理一个请求，当服务器返回本次请求的应答后便立即关闭连接，下次请求再重新建立连接。这种一次性连接主要考虑到 WWW 服务器面向的是 Internet 中成千上万个用户，且只能提供有限个连接，故服务器不会让一个连接处于等待状态，及时地释放连接可以大大提高服务器的执行效率。

万维网（World Wide Web，WWW）是存储在Internet计算机中数量巨大的文档的集合。这些文档称为页面，也是一种超文本信息，可以用于描述超媒体（文本、图形、视频、音频等）。WWW 是基于客户机/服务器方式的信息发现技术和超文本技术的综合。WWW 服务器通过超文本标记语言（HTML）把信息组织成图文并茂的超文本，利用链接从一个站点跳到另一个站点。

WWW 发源于欧洲日内瓦量子物理实验室 CERN，正是 WWW 技术的出现使因特网以超乎想象的速度迅猛发展。这项基于 TCP/IP 的技术在短短的十年时间内迅速成为 Internet 上的规模最大的信息系统，它的成功归结于简单、实用。在 WWW 的背后有一系列的协议和标准支持它完成如此宏大的工作，这就是 Web 协议族，其中就包括 HTTP。

## 【任务实施】

（1）实训设备。

1 台二层交换机、1 台服务器、1 台计算机、2 条直通线。

（2）网络拓扑。

实训网络拓扑如图 8-53 所示。

安装和配置 Web 服务

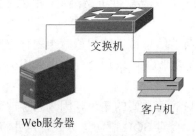

图 8-53  实训拓扑图

在使用 Web 服务功能时，必须为要安装 Web 服务器的计算机指定静态 IP 地址。此任务设置的静态 IP 地址为 192.168.100.1/24。

（3）实施步骤。

安装和配置 Web 服务器的过程如下。

1）在桌面上右击"计算机"图标，在弹出的快捷菜单中选择"管理"，打开"服务器管理器"，单击"本地服务器"中的"管理"菜单。

2）打开"添加角色和功能向导"窗口，单击"服务器角色"，选择"Web 服务器（IIS）"，单击"下一步"，如图 8-54 所示。

图 8-54　"添加角色和功能向导"窗口

3）在"Web 服务器角色（IIS）"界面中，可以查看注意事项等，单击"下一步"，如图 8-55 所示。

图 8-55　"Web 服务器角色（IIS）"界面

4）在"选择角色服务"界面中，选择默认安装 Web 服务所必需的角色服务，如图 8-56 所示，单击"下一步"。

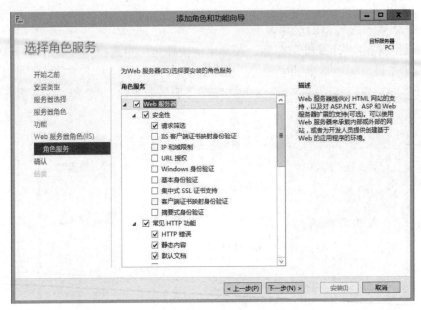

图 8-56　Web 服务器安装向导

5）在"确认安装所选内容"界面中，选择确认安装的 Web 服务，单击"安装"，如图 8-57 所示。

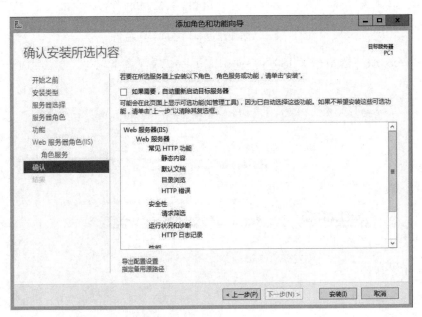

图 8-57　确认安装 Web 服务

6）安装完成后，单击"关闭"，如图 8-58 所示。

图 8-58　Web 服务安装完成

7）Web 服务安装完成后，在"服务器管理器"窗口的"工具"菜单下，能找到已经安装好的"Internet Information Services（IIS）管理器"服务，如图 8-59 所示。

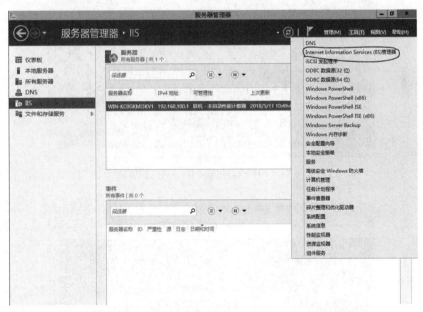

图 8-59　服务器管理器

8）单击"Internet Information Services（IIS）管理器"，弹出 IIS 管理器，单击"管理网站"→"浏览"，如图 8-60 所示。

9）出现如图 8-61 所示的界面，说明 Web 服务安装测试成功。同时也可以在客户机上进行测试，首先将客户机的 IP 地址设置为 192.168.100.2，子网掩码设置为 255.255.255.0，在客户机的地址栏上输入 Web 站点的 IP 地址（192.168.100.1），打开如图 8-62 所示的界面，说明 Web 服务安装测试成功。

图 8-60　IIS 管理器

图 8-61　本机测试 IIS 安装成功

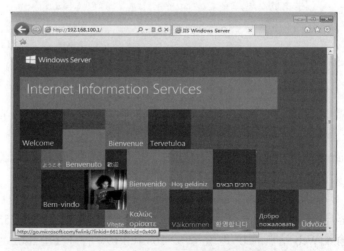

图 8-62　客户机上"IIS 测试"界面

10）新建 Web 站点。

①停止默认站点（Default Web Site）：右击 Default Web Site，选择"管理网站"→"停止"，如图 8-63 所示，即可停止默认站点。

图 8-63　停止默认站点

②准备 Web 网站内容：在 C:盘下新建 myweb 文件夹作为网站的主目录，制作一个简单的网页文件 index.html（主页内容为"hello，this is xxx page！"），把该文件保存在 C:\myweb 文件夹中，如图 8-64 所示。默认网站的主目录为 C:\inetpub\wwwroot。

③在 IIS 管理器中，右击"网站"，选择"添加网站"，如图 8-65 所示。

图 8-64　Web 网站内容

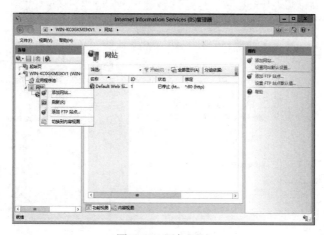

图 8-65　添加网站

④在"添加网站"对话框中输入网站名称（myweb）和物理路径（C:\myweb），类型选择 http，IP 地址为 192.168.100.1，端口默认为 80，勾选"立即启动网站"复选框，如图 8-66 所示。

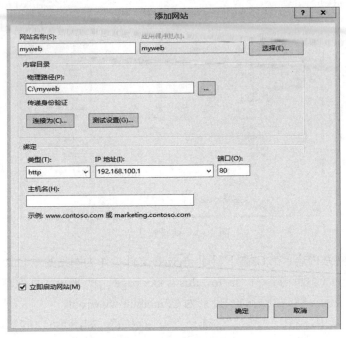

图 8-66　添加网站属性

11）设置网站属性。

①在 IIS 管理器中，选中 myweb 网站，在 myweb 主页上双击"默认文档"，如图 8-67 所示。

图 8-67　myweb 主页

②在"默认文档"界面中，选中 index.html，多次单击"上移"按钮，将 index.html 文件移到最顶端，如图 8-68 所示。

图 8-68　添加默认文档

12）浏览网站。

①在本机上浏览网站：单击 myweb→"管理网站"→"浏览"，如图 8-69 所示，服务器上出现如图 8-70 所示的网站。

图 8-69　浏览网站

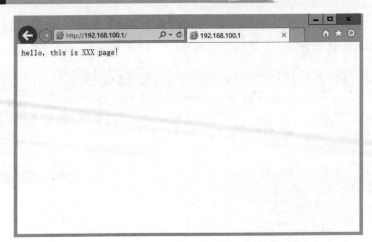

图 8-70　在服务器上浏览网站

②在客户机上访问时，直接在浏览器中输入 http://192.168.100.1 可以打开网站，如图 8-71 所示。

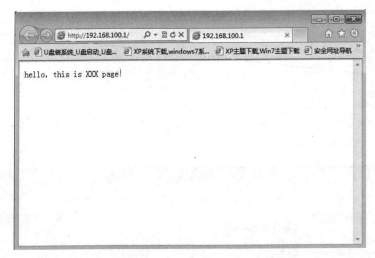

图 8-71　在客户机上打开网站

【任务小结】

（1）安装 Web 服务前，服务器的 IP 地址一定要静态配置。

（2）要保证客户机和服务器在同一网络中。

# 任务 4　安装和配置 FTP 服务

【任务描述】

有一中小型公司，组建了公司的局域网，现需要架设公司 FTP 服务器，存放公司的大型文件，并使公司用户能够访问 FTP 服务。

## 【相关知识】

### 一、FTP 服务器

FTP 服务器（File Transfer Protocol Server）是在互联网上提供文件存储和访问服务的计算机，它们依照FTP提供服务。FTP 就是专门用来传输文件的协议。简单地说，支持 FTP 的服务器就是 FTP 服务器。

FTP 用来在两台计算机之间传输文件，是 Internet 中应用非常广泛的服务之一。它可根据实际需要设置各用户的使用权限，同时还具有跨平台的特性，即在 UNIX、Linux 和 Windows 等操作系统中都可实现 FTP 客户端和服务器，相互之间可跨平台进行文件的传输。因此，FTP 服务是网络中经常采用的资源共享方式之一。

FTP 服务器类型有两类：授权 FTP 服务器和匿名 FTP 服务器。

（1）授权 FTP 服务器：只允许该 FTP 服务器系统上的授权用户使用。在使用授权 FTP 服务器之前必须向系统管理员申请用户名和密码，连接此类 FTP 服务器时必须输入用户名和密码。

（2）匿名 FTP 服务器：允许任何用户以匿名账户 FTP 或 anonymous 登录 FTP 服务器，并对授权的文件进行查阅和传输。有些 FTP 服务器习惯上要求用户以自己的 E-mail 地址作为登录密码，但这并没有成为大多数服务器的标准做法。

### 二、其他 FTP 服务器

（1）Server-U。Server-U是一种被广泛运用的 FTP 服务器端软件，支持 3x/9x/ME/NT/2K/2000/XP 等全 Windows 系列。它可以设定多个 FTP 服务器、限定登录用户的权限、登录主目录等，功能齐全。它具有非常完备的安全特性，支持基于 SSL 的 FTP 传输，支持在多个 Server-U 和 FTP客户端通过 SSL 加密连接保护数据安全等。

（2）FileZilla。FileZilla 是一款经典的开源 FTP 解决方案，包括FileZilla客户端和FileZillaServer。其中，FileZillaServer 的功能比起商业软件Server-U 毫不逊色。无论是传输速度还是安全方面，都是非常优秀的。

（3）VSFTP。VSFTP是一个基于 GPL 发布的类 UNIX 系统上使用的 FTP 服务器软件，它的全称是 Very Secure FTP，从此名称可以看出，编制者的初衷是保证代码的安全。它是一个安全、高速、稳定的FTP 服务器；它可以做基于多个 IP 的虚拟 FTP主机服务器；匿名服务设置十分方便。VSFTP 市场应用十分广范，很多国际性的大公司和自由开源组织在使用，如 Red Hat、Suse、Debian、OpenBSD。

## 【任务实施】

（1）实训设备。

1 台二层交换机、1 台服务器、1 台计算机、2 条直通线。

（2）网络拓扑。

实训网络拓扑如图 8-72 所示。

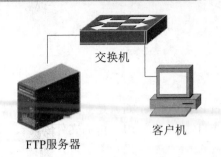

安装和配置 FTP 服务

图 8-72　实训拓扑图

在使用 FTP 服务功能时，必须为要安装 FTP 服务器的计算机指定静态 IP 地址。此任务设置的静态 IP 地址为 192.168.100.1/24。

（3）实施步骤。

安装和配置 FTP 服务的过程如下。

1）在桌面上右击"计算机"图标，在弹出的快捷菜单中选择"管理"，打开"服务器管理器"，单击"本地服务器"中的"管理"菜单，单击"服务器角色"，选择"Web 服务器（IIS）"，单击"下一步"，如图 8-73 所示。

图 8-73　选择服务器角色

2）在"Web 服务器角色（IIS）"界面中，可以查看注意事项等，单击"下一步"，如图 8-74 所示。

3）在"选择服务器角色"界面中，勾选"Web 服务器（IIS）"中的"FTP 服务器"，如图 8-75 所示，单击"下一步"。

4）在"确认安装所选内容"界面中，选择确认安装的 FTP 服务，单击"安装"，如图 8-76 所示。

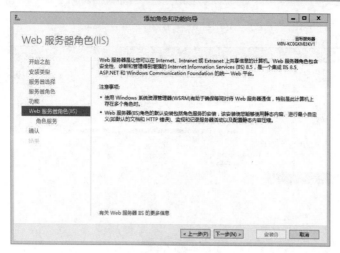

图 8-74　"Web 服务器角色（IIS）"界面

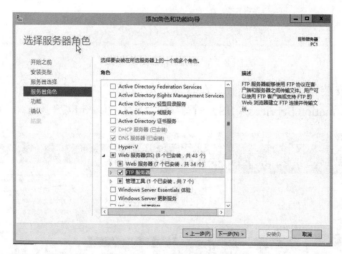

图 8-75　勾选 FTP 服务器

图 8-76　确认安装 FTP 服务界面

5）安装完成后，单击"关闭"，如图 8-77 所示。

图 8-77　FTP 服务安装完成

6）FTP 服务安装完成后，在"服务器管理器"窗口的"工具"菜单下，能找到已经安装好的"Internet Information Services（IIS）管理器"服务，如图 8-78 所示。

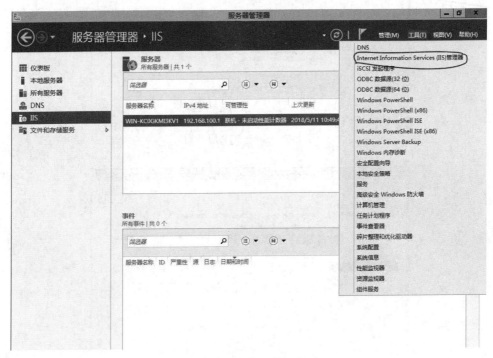

图 8-78　服务器管理器

7）单击"Internet Information Services（IIS）管理器"服务，弹出 IIS 管理器，如图 8-79 所示。

图 8-79　IIS 管理器

8）准备 FTP 目录：新建 C:\myftp 文件夹，作为 FTP 站点的主目录，并在该文件夹中新建文件ftp.txt作为测试使用，如图 8-80 所示。

图 8-80　FTP 站点内容

9）右击"网站"，选择"添加 FTP 站点"，如图 8-81 所示。

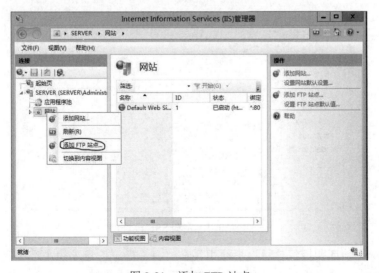

图 8-81　添加 FTP 站点

10）在"添加 FTP 站点"对话框中，设置 FTP 站点名称为 myftp，物理路径为 C:\myftp，如图 8-82 所示，单击"下一步"。

图 8-82　FTP 站点名称

11）在"绑定和 SSL 设置"界面中，指定 IP 地址为 192.168.100.1，端口为 21，勾选"自动启动 FTP 站点"和"无 SSL"复选框，如图 8-83 所示，单击"下一步"。

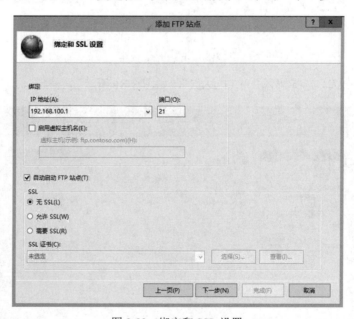

图 8-83　绑定和 SSL 设置

12）在"身份验证和授权信息"界面中，在"身份验证"选项组中选中"匿名"，在"授权"选项组中选中"匿名用户"，选中"读取"权限，如图 8-84 所示，单击"完成"。

图 8-84　身份验证和授权信息

13）FTP 站点测试。

①在本机上浏览网站：单击浏览器，输入 ftp://192.168.100.1（IP 地址），如图 8-85 所示。

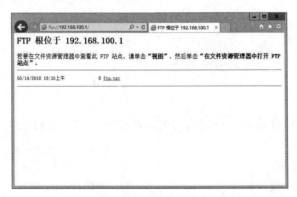

图 8-85　在服务器上浏览站点

②在客户机上访问时，直接在浏览器中输入 ftp://192.168.100.1，可以直接打开如图 8-86 所示的站点。

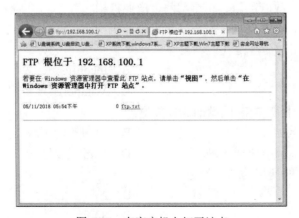

图 8-86　在客户机上打开站点

## 【任务小结】

（1）安装 FTP 服务前，服务器的 IP 地址一定要静态配置。

（2）要保证客户机和服务器在同一网络中。

（3）在客户机测试时，在浏览器中输入 ftp://IP 地址。

# 拓展任务

给公司服务器配置 DHCP、DNS、Web 和 FTP 服务，并为公司员工提供 DHCP 服务，员工访问公司的 Web 和 FTP 时，需要利用域名来访问。

# 课后习题

1．启动配置服务器程序的方法是，单击"开始"→"程序"→"管理工具"，然后单击（　　）。

    A．服务器                          B．系统服务器

    C．配置服务器                        D．文件服务器

2．DHCP 创建作用域的默认时间是（　　）。

    A．8                                B．10

    C．15                              D．30

3．如果要创建一个作用域，网段为 192.168.11.1～192.168.11.254，那么默认路由一般是（　　）。

    A．192.168.11.1                 B．192.168.11.254

    C．192.168.11.252              D．192.168.0.254

4．在顶级域名中，edu、gov、mil、com 分别代表（　　）。

    A．教育机构、商业机构、国际组织、政府部门

    B．教育结构、军事部门、政府部门、商业机构

    C．教育结构、政府部门、军事部门、商业机构

    D．政府部门、教育结构、军事部门、商业机构

5．测试 DNS 使用的命令是（　　）。

    A．Ping                          B．Ipconfig

    C．ns lookup                   D．Winipcfg

6．下面（　　）不是 DNS 区域的 3 种类型。

    A．标准辅助区域                B．逆向解析区域

    C．Active Directory 集成区域     D．标准主要区域

7．Web 服务器一般使用的端口号是（　　）。

    A．21                             B．23

    C．53                            D．80

8．将域名地址转换为 IP 地址的协议是（　　　）。

    A．DNS
               B．SNMP

    C．HTTP
              D．SMTP

9．Web 上的任何信息，包括文档、图像、图片、视频或音频都被设为资源。为便于引用，应给它们分配一个唯一的标识来描述该资源存放于何处及如何对它进行存取，当前使用的命名机制称为（　　　）。

    A．URL
               B．WWW

    C．DNS
               D．FTP

10．FTP 是一种（　　　）协议。

    A．文件传输协议
        B．远程登录协议

    C．邮件传输协议
        D．超文传输协议

# 项目 9
# 维护公司网络安全

此项目重点培养网络管理员维护公司网络安全的能力，需要网络管理员认识到网络安全的重要性，并掌握网络安全知识、病毒及防御技术以及防火墙技术。

## 任务 1　认识网络安全

### 一、什么是网络安全

计算机病毒及防治 1

2020 年 4 月 27 日，国家互联网信息办公室、国家发展和改革委员会、工业和信息化部、公安部、国家安全部、财政部、商务部、中国人民银行、国家市场监督管理总局、国家广播电视总局、国家保密局、国家密码管理局共 12 个部门联合发布《网络安全审查办法》，于 2020 年 6 月 1 日起实施。

网络安全是指网络系统的硬件、软件及其系统中的数据受到保护，不受偶然的或者恶意的原因而遭到破坏、更改、泄露，系统连续可靠正常地运行，网络服务不中断。网络安全，通常指计算机网络的安全，实际上也可以指计算机通信网络的安全。

### 二、常见的网络威胁

计算机病毒及防治 2

（1）病毒。计算机病毒指具有自我复制能力的特殊计算机程序，能够影响计算机软、硬件的正常运行，破坏数据的正确性和完整性，影响网络的正常运行。

病毒是常附着于正常程序或文件中的一小段代码，随宿主程序在计算机之间复制而不断传播，并在传播途中感染计算机上符合条件的文件，如"熊猫烧香"就是典型的病毒。

（2）黑客攻击。黑客一般指具有一定计算机软件和硬件方面的知识，通过各种技术手段，对计算机和网络系统的安全构成威胁的人或组织。常见的黑客攻击行为有：入侵系统、篡改网站、设置后门以便随时侵入、设置逻辑炸弹和木马、窃取和破坏资料、窃取账号、进行网络窃听、进行地址欺骗、进行拒绝服务攻击造成服务器瘫痪等。

（3）拒绝服务攻击。拒绝服务攻击（Denial of Service，Dos）即攻击者想办法让目标设备停止提供服务或资源访问，造成系统无法向用户提供正常服务，比如电子邮件无法发送、网站无法登录。

（4）木马。计算机木马病毒是指隐藏在正常程序中的一段具有特殊功能的恶意代码，是具备破坏和删除文件、发送密码、记录键盘和攻击 Dos 等特殊功能的后门程序。木马程序表面上是无害的，甚至对没有警戒性的用户颇有吸引力，但它们却隐藏着恶意，它们经常隐藏在游戏或图形软件中。这些表面上看似友善的程序运行后，就会进行一些非法的行动，如删除文件或对硬盘格式化。

（5）流氓软件。流氓软件是利用网络进行传播的一类恶意软件的统称，这些软件偷偷地安装在用户系统上，或采取某种强制安装手段。流氓软件一般以牟利为目的，强行更改用户设置，如浏览器选项、自启动选项等。其常常在用户浏览网页过程中不断弹出广告页面，或未经许可获取用户个人信息和隐私。

## 三、影响网络安全的因素

（1）漏洞。漏洞是造成安全问题的重要隐患，绝大多数非法入侵、木马、病毒都是通过漏洞来突破网络安全防线的。因此，防堵漏洞是提高系统及网络安全的关键之一。

当前的漏洞问题主要包括两个方面：一是软件系统的漏洞，如操作系统漏洞、IE 漏洞、Office 漏洞等，以及一些应用软件、数据库系统（如 SQL Server）漏洞；二是硬件方面的漏洞，如防火墙、路由器等网络产品的漏洞。

（2）内部人员操作不规范。在日常故障统计中，工作人员使用不当而造成的问题占绝大多数。例如，有的工作人员在多台机器上使用 U 盘、移动硬盘复制文件时，不注意杀毒；有的工作人员在计算机上随意安装软件；还有人安全意识不强，用户口令选择不慎，将自己的账号随意转借他人，甚至与别人共享账号，这些都会给网络安全带来威胁。

（3）病毒与非法入侵。单位用于正常办公的计算机里通常保存了大量的文档、业务资料、公文、档案等重要数据和信息资料，如果被病毒破坏，被非法入侵者盗取或篡改，就可能造成数据信息丢失，甚至泄密，严重影响到正常办公的顺利进行。

计算机感染病毒以后，轻则系统运行速度明显变慢，频繁宕机，重则文件被删除，硬盘分区表被破坏，甚至硬盘被非法格式化，还可能损坏硬件。还有些病毒一旦感染主机，就会将系统中的防病毒程序关掉，让防病毒防线整个崩溃。

## 四、网络安全的目标

（1）机密性。机密性是指保证信息不能被非授权访问，即非授权用户得到网络信息也无法知晓网络信息内容，授权用户可以随时看到网络信息。

（2）完整性。完整性是保证网络信息不被篡改，并且能够判别出实体或者进程是否已被修改。

（3）可用性。可用性是信息资源服务功能和性能可靠性的度量，涉及物理、网络、系统、数据、应用和用户等多方面的因素，是对信息网络总体可靠性的要求。始终保持授权用户能使用网络，非授权用户不能使用网络。

## 任务2　了解防火墙技术

### 一、什么是防火墙

所谓"防火墙"是指一种将可信任的内部网和不可信任的公众访问网（如 Internet）分开的方法，它是一种建立在现代通信网络技术和信息安全技术基础上的应用性安全技术、隔离技术，用来保护内部网免受外部网上非法用户的入侵。通常意义上的防火墙是借鉴了古代真正用于防火的防火墙的喻义，它指的是隔离在本地网络与外界网络之间的一道防御系统。防火墙可以使企业内部局域网（LAN）与 Internet 或者与其他外部网络互相隔离，限制网络互访以保护内部网络。

安装防火墙以后，所有内部网络和外部网络之间传输的数据必须通过防火墙，防火墙让"同意"的用户和数据进入内部网络中，同时将"不同意"的用户和数据拒之门外，最大限度地阻止网络中的黑客来访问内部网络。

### 二、防火墙功能

防火墙对流经它的网络通信进行扫描，这样能够过滤掉一些攻击，以免其在目标计算机上被执行。防火墙还可以关闭不使用的端口，而且它还能禁止特定端口的流出通信，封锁特洛伊木马。最后，它可以禁止来自特殊站点的访问，从而防止来自不明入侵者的所有通信。

（1）网络安全的屏障。一个防火墙作为阻塞点、控制点通过过滤不安全的服务而降低风险。由于只有经过精心选择的应用协议才能通过防火墙，所以网络环境变得更安全。如防火墙可以禁止不安全的NFS 协议进出受保护的网络，这样外部的攻击者就不可能利用这些脆弱的协议来攻击内部网络。防火墙同时可以保护网络免受基于路由的攻击，如 IP 选项中的源路由攻击和ICMP重定向中的重定向路径。防火墙可以拒绝所有以上类型攻击的报文并通知防火墙管理员。

（2）强化网络安全策略。通过以防火墙为中心的安全方案配置，将所有安全软件（如口令、加密、身份认证、审计等）配置在防火墙上，以强化网络安全策略。如在网络访问时，一次加密口令系统和其他的身份认证系统完全可以不必分散在各个主机上，而集中在防火墙一身上。

（3）对网络访问监控审计。如果所有的访问都经过防火墙，防火墙就能记录下这些访问并作出日志记录，同时也能提供网络使用情况的统计数据。当发生可疑动作时，防火墙能进行适当的报警，并提供网络是否受到监测和攻击的详细信息。

除了安全作用，防火墙还支持具有 Internet 服务特性的企业内部网络技术体系VPN（虚拟专用网）。

### 三、防火墙的局限

（1）防火墙并不是万能的，它是可以绕过去的。由于防火墙依赖于口令，当黑客破解了口令后，防火墙就会被黑客击穿或者绕过，那么防火墙就失去作用了。

（2）防火墙不能防止对开放端口或服务的攻击。防火墙上需要设置开放的端口，如 FTP

服务要开放 21 端口，Web 服务要开放 80 端口，这时防火墙不能防止对 21 端口、80 端口的攻击。

（3）防火墙不能防止内部出卖或内部误操作行为。当内部管理人员将敏感数据提供给外部攻击者时，防火墙是无能为力的。当内部一个带有木马的程序主动和攻击者连接时，防火墙瞬间就会被破坏掉。

（4）防火墙也会遭到攻击。防火墙也是一个系统，也有自己的缺陷，也会受到攻击，致使许多防御措施失灵。

## 任务 3　做好个人网络安全防护

互联网已经渗透到人们的生活，网络技术能够提高信息的传播效率，但也给人们的隐私和财产安全带来风险与隐患，各种各样的网络攻击似乎变得越来越"轻松"：手机 APP 过度索权，强制收集个人信息，并将这些个人隐私泄露出去；勒索软件攻击个人计算机，造成金钱损失；用户发布在公共社交平台上的信息被窃取，被肆意利用等。中国互联网协会发布的《2019 中国网民权益保护调查报告》显示，因个人信息泄露、垃圾信息、诈骗信息等原因，导致网民总体损失约 805 亿元。

事实上，国际上任何一个网络大国也基本是遭受网络攻击损失最严重的国家。除中国外，美国、日本、韩国以及欧洲很多国家都遇到过不同程度的信息安全问题。以美国为例，仅美国核安全部门每天处理 1000 万次网络攻击，美国安全局也表示正面临严重的网络攻击威胁。

网络安全形势日益严峻，个人该如何防范呢？

（1）安装网络安全防护软件。为抵御各种令人防不胜防的病毒、木马和恶意软件，计算机和手机上要安装 360 安全卫士、金山卫士、QQ 电脑管家等安全软件，定期杀病毒，保护浏览器和系统文件，这是安全使用网络的第一步。

及时修复系统漏洞，尽量使用较新版本的操作系统或应用软件，尤其是浏览器、即时聊天工具和电子邮件。因为随着软件的升级换代，漏洞会相对较少，要关注软件开发商发布的软件补丁，在安装补丁时一定要确保补丁来源的安全。

（2）养成健康的上网浏览习惯。不要在不同的网站使用同样的密码，而且密码设置要复杂。黑客入侵受密码保护的计算机时，通常首先尝试简单的可能猜中的密码。不要使用自己或者亲人的生日、身份证号码作为密码，也不要用 123456、123456789 等弱密码，最好是英文、数字和符号的混合密码。

使用微信、QQ 等通信软件时，不要随意同意他人登录或接收他人传送的文件。绝大多数的计算机病毒通常都以可执行文件（扩展名 .exe、.com、.bat、.vbs、.sys 等可以直接由操作系统加载程序运行的文件）形式存在，收到此类可执行文件后，应当及时用杀毒软件扫描、检查，确定无异常后才可使用。

不使用非法的不安全网站，不要打开陌生人的邮件，不要随意注册并留下自己的一些真实信息，如姓名、电子邮箱、身份证号等。

（3）Wi-Fi 安全保障。关闭 Wi-Fi 自动连接，在自己想用的时候再开启，不要设置成自动连接。

不要使用来源不明的 Wi-Fi，防范钓鱼 Wi-Fi 最重要的一点是牢记"天下没有免费的午餐"。

攻击者会利用用户图省事、贪图便宜的心理，自建 Wi-Fi 热点，名称与正确的 Wi-Fi 很接近，并且不设置密码，这样，一旦用户进入了该网络渠道，所有网络信息都会被对方知道。

不要随意在公共网络或其他终端使用网上银行、支付宝、信用卡服务等，一旦这些数据被截获，会给受害者带来巨大的损失。

（4）规范的文件处理。定期做好文件备份，我们都习惯于把经常使用的文档和资料放在桌面上，这样，一旦系统中了病毒，或者硬盘出现问题无法引导系统的时候，系统盘里面的数据非常容易丢失并且很难找回，所以，请大家把重要的文档和资料要分类存放，并且不要放在系统盘。安装软件时不要直接装在根目录，因为有些软件卸载的时候采用将目录删除的方式，容易造成根目录下的其他文件、资料的丢失。

切勿随意下载来历不明的软件，特别是智能终端 APP 的下载。不良 APP 会在用户不知情的情况下获取手机支付的个人信息，实施网络欺诈和攻击。所以下载手机 APP 一定要在正规应用商店，认清名单标识后再下载。

个人防护是最后一道防御关口，也是防御网络侵害最主要的关口之一。很多时候，网络安全问题的发生在于我们的广大网民疏于防范，给了不法分子可乘之机。

# 课后习题

1. 为预防电子邮件和下载的文件中有可能存在的病毒，下列做法不正确的是（　　）。
   A．不接收电子邮件，不下载软件
   B．下载文件或者接收邮件后先进行杀毒
   C．安装杀毒软件，经常升级
   D．尽量不要从网上下载不明软件和打开来历不明的邮件

2. 计算机网络黑客是（　　）。
   A．总在晚上上网　　　　　　　　　B．匿名上网
   C．制作 Flash 的高手　　　　　　　D．在网上私闯他人计算机系统

3. 下列属于网络数据加密传输协议的是（　　）。
   A．HTTPS　　　　　　　　　　　　B．HTTP
   C．TCP　　　　　　　　　　　　　D．FTP

4. 在公共场所上网时，下列行为存在安全隐患的是（　　）。
   A．咨询管理员下载游戏或电影
   B．不登录个人网银或邮箱账号
   C．用图书馆计算机帮助他人查询图书信息
   D．将手机插入公共计算机充电

5. 网络防火墙能够（　　）。
   A．防范通过它的恶意链接
   B．防范恶意的知情者
   C．防备新的网络安全问题
   D．完全防止传送已被病毒感染的软件和文件

6. 下列不属于计算机病毒特征的是（      ）。
 A．有破坏性，扩散性广，可触发性     B．天然存在
 C．可传染，传播速度快             D．可执行，难以清除
7. 计算机网络安全通常指（      ）。
 A．网络中设备设置环境的安全       B．网络中信息的安全
 C．网络中使用者的安全           D．网络中财产的安全
8. 为了保护一个网络不受另一个网络的攻击，可以在网络入口架设（      ）。
 A．网卡                       B．协议软件
 C．防火墙                     D．网桥
9. 小明在家上网，他的做法不恰当的是（      ）。
 A．通过网络阅读国家新闻
 B．将同学家的地址、电话号码等资料发在网络上
 C．通过网络下载一个免费软件
 D．给同学发送元旦贺卡
10. 网络中的防火墙是（      ）。
 A．规则                       B．硬件
 C．软件                       D．硬件或软件

# 参考文献

[1] 杨云，等．计算机网络技术项目教程[M]．北京：清华大学出版社，2018．

[2] 黄林国，等．计算机网络技术项目化教程[M]．2 版．北京：清华大学出版社，2016．

[3] 褚建立，等．计算机网络技术实用教程[M]．2 版．北京：清华大学出版社，2017．

[4] 谢昌荣，等．计算机网络技术项目化教程[M]．3 版．北京：清华大学出版社，2020．

[5] 徐立新，等．计算机网络技术[M]．4 版．北京：人民邮电出版社，2019．

[6] 黑马程序员．计算机网络技术及应用[M]．北京：人民邮电出版社，2019．

[7] 杨云，等．Windows Server 网络操作系统项目教程（微课版）[M]．北京：人民邮电出版社，2021．

[8] 王霄峻，等．5G 无线网络规划与优化（微课版）[M]．北京：人民邮电出版社，2020．

[9] 史国川，等．Windows Server 2012 网络操作系统[M]．2 版．北京：清华大学出版社，2019．

[10] 许军，等．网络设备配置项目化教程[M]．北京：清华大学出版社，2021．

[11] 李锋．网络设备配置与管理[M]．北京：清华大学出版社，2020．

[12] 鞠光明，边倩．计算机网络技术[M]．大连：大连理工出版社，2013．

[13] 王达．深入理解计算机网络[M]．北京：中国水利水电出版社，2017．

[14] 于鹏，丁喜纲．计算机网络技术基础[M]．5 版．北京：电子工业出版社，2018．